面向 21 世纪创新型电子商务专业系列

电子商务网络基础项目化教程

张六成　孙　航　沈二波　编　著

中国水利水电出版社
www.waterpub.com.cn

·北京·

内 容 提 要

本书以电子商务专业实际应用的计算机网络基础技术为主线，遵循计算机网络技术知识结构的基本特点和教学规律，主要内容以项目化形式编写，每个项目设计有若干个任务，每个任务安排了"任务目的""任务描述"和"任务实现"等3个环节。全书共分9个项目，包括计算机网络与电子商务、小型办公局域网络的组建、网络操作系统的安装与配置、Windows 网络服务器的创建与管理、Linux 网络服务配置、Internet 接入与局域网共享上网、无线局域网的配置与组建、电子商务中 Internet 技术应用、电子商务网络安全的维护等。

全书根据作者多年从事电子商务专业计算机网络基础教学实践经验编写而成，理论讲解简明扼要，以够用为度，重点放在实际操作与实现部分，语言通俗易懂，内容翔实、图文并茂。本书使用目前流行的 Windows Server 2008 和 Linux 操作系统，较为详细地讲解了计算机网络技术应用的操作步骤，并结合实际应用和知识点复习，安排 21 项拓展任务。

本教程可作为高等院校非计算机专业计算机网络基础教材，高职高专电子商务专业教材和教学参考用书，也可供中职类和广大计算机网络技术爱好者学习使用。

图书在版编目（CIP）数据

电子商务网络基础项目化教程 / 张六成, 孙航, 沈
二波编著. -- 北京 : 中国水利水电出版社, 2017.7
面向21世纪创新型电子商务专业系列
ISBN 978-7-5170-5545-7

Ⅰ. ①电… Ⅱ. ①张… ②孙… ③沈… Ⅲ. ①电子商
务－计算机网络－高等学校－教材 Ⅳ. ①F713.36
②TP393

中国版本图书馆CIP数据核字(2017)第150013号

策划编辑：石永峰　　责任编辑：李炎　　加工编辑：陈宏华　　封面设计：李佳

书　名	面向 21 世纪创新型电子商务专业系列 **电子商务网络基础项目化教程** DIANZI SHANGWU WANGLUO JICHU XIANGMUHUA JIAOCHENG
作　者	张六成　孙　航　沈二波　编　著
出版发行	中国水利水电出版社 （北京市海淀区玉渊潭南路 1 号 D 座　100038） 网址：www.waterpub.com.cn E-mail: mchannel@263.net（万水） 　　　　sales@waterpub.com.cn 电话：(010) 68367658（营销中心）、82562819（万水）
经　售	全国各地新华书店和相关出版物销售网点
排　版	北京万水电子信息有限公司
印　刷	北京泽宇印刷有限公司
规　格	184mm×260mm　16 开本　16.5 印张　407 千字
版　次	2017 年 7 月第 1 版　2017 年 7 月第 1 次印刷
印　数	0001—3000 册
定　价	34.00 元

凡购买我社图书，如有缺页、倒页、脱页的，本社营销中心负责调换

前　　言

我国 2015 年首次提出"互联网+"行动计划，旨在推动移动互联网、云计算、大数据、物联网等与现代制造业结合，促进电子商务、工业互联网和互联网金融健康发展，引导互联网企业拓展国际市场。作为计算机技术与通信技术相结合的计算机网络技术，为电子商务的实施提供了基础设施和技术实现的基本平台。电子商务是 Internet 技术和 WWW 迅速发展的直接产物，它也是基于网络融合的经典代表，伴随着计算机网络技术的发展，电子商务正成为 21 世纪"网络经济"的主要运作模式，也已成为我国主要经济增长支柱之一。电子商务技术是计算机软件技术、硬件技术、网络技术、通信技术、数据库技术和信息安全技术等的综合应用技术。学生要想系统地学习和掌握电子商务的关键技术，需先学习计算机网络、数据库、信息安全理论，就是说学习好计算机网络是学好电子商务的前提条件。电子商务的形成很多方面都得益于计算机网络的成熟；电子商务的成交依赖于网络平台，也就是说你一定要具备相当好的计算机基础知识和网络知识。

本教程面向高等教育应用型人才的培养目标，重点讲述电子商务专业应用层面的计算机网络技术，增加了无线局域网络、Linux 操作系统、电子商务应用的搜索引擎、位置服务和网络营销服务等新内容。但对网络技术理论、概念部分仅作概要介绍，不做深入讲解，删去了数据通信、交换和路由技术及其配置、综合布线等内容，网络协议部分偏重于其配置与应用，对其工作原理和过程也没有提及，这些内容可在今后从事专业工作时再继续学习研究。全书共分 9 个项目，分别为计算机网络与电子商务、小型办公局域网络的组建、网络操作系统的安装与配置、Windows 网络服务器的创建与管理、Linux 网络服务配置、Internet 接入与局域网共享上网、无线局域网的配置与组建、电子商务中 Internet 技术应用、电子商务网络安全的维护。

本教程的创新之处是将整个课程内容"项目化"，将各知识点融入项目之中，每个项目均精心设计了若干个任务，再以"任务驱动"的方式，使学习者在操作过程中完成对知识的意义构建，实现学习目标。为此，全书遵循计算机网络知识的结构特点和教学规律，从工作和学习的实际需求出发，共安排 9 个典型的大项目，34 项任务。每个项目均以"项目情景"引入，以"项目分析"发现问题，以"知识准备"探讨技术与原理，再分解出若干个任务。每个任务由"任务目的""任务描述"和"任务实现"三部分组成，"任务实现"都有详尽的操作步骤，图文并茂，可操作性强。每个项目最后的"拓展任务"供学习者进一步巩固和提高。

全书由张六成、孙航、沈二波编著，张六成编写了项目一、项目五、项目六并负责全书的规划和统稿，孙航编写了项目二、项目三、项目四，沈二波编写了项目七、项目八、项目九，李想、段淑敏、陆凯、冯东栋等参与了本书的策划、编写与图形制作工作。在此，特别感谢中国水利水电出版社石永峰老师和所有关心与支持我们的同行，由于他们的督促与帮助，才使此书得以顺利出版。

限于编者的水平有限，本书难免存在错误或不当之处，恳请专家和读者批评指正。

编　者

2017 年 5 月

目　　录

项目一　计算机网络与电子商务

1.1　项目情景

当今世界是一个网络信息技术高速发展和应用的世界，如果你的计算机还没有上网或连接 Internet，那么你的计算机就会是一座信息"孤岛"。特别是"互联网+"概念的提出，使得网络应用更是无处不在，计算机网络为电子商务的实施提供了基础设施和技术实现的平台，也已成为计算机网络应用的一个重要部分。

互联网是网络与网络之间所连接成的庞大网络，这些网络以一组通用的协议相连，形成逻辑上的单一巨大国际网络。这种将计算机网络互相联接在一起的方法称作"网络互联"。那么，两台或者是两台以上计算机终端通过什么网络技术手段连接起来、实现什么功能才能形成计算机网络？其具体的网络组成又是什么？本项目在分析计算机网络概念以及与电子商务关系的基础上，重点学习计算机网络的功能、分类和网络系统组成，并对计算机网络的拓扑结构、体系结构和 TCP/IP 协议模型进行分析。

1.2　项目分析

本项目首先了解计算机网络的概念，一个基本的计算机网络主要包含哪些部分，各自的主要功能是什么，进而了解计算机网络在电子商务方面的应用。通过任务 1～4 的内容学习，掌握计算机网络的分类、网络拓扑结构、计算机网络的结构组成和网络分层参考模型的基本知识，进一步加深对计算机网络概念的理解和网络体系结构的认识，为后面项目的具体实践打下理论基础。

1.3　知识准备

一、计算机网络的定义

计算机网络是将地理位置不同、具有独立功能的多台计算机利用通信介质和设备互联起来，在遵循约定通信规则的前提下，使用功能完善的网络软件进行控制，从而实现信息交互、资源共享、协同工作和在线处理等功能。计算机网络示意图如图 1-1 所示。

从定义上，计算机网络包含以下 5 个主要部分。

1. 不同地理位置、独立功能的计算机

在计算机网络中，每一台计算机都具有独立完成工作的能力，并且计算机之间可以不在同一个区域（如同一个校园、同一个城市、同一个国家等）。

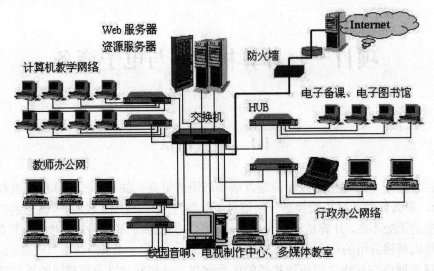

图 1-1　计算机网络示意图

2．通信介质和设备

网络通信介质是指同轴电缆、双绞线、光纤、红外线、微波等，网络通信设备是指网卡、调制解调器、集线器、交换机、路由器、无线设备等。

3．功能完善的网络软件

在计算机网络环境中，用于支持数据通信和各种网络活动的软件包括通信支撑平台软件、网络服务支撑平台软件、网络应用支撑平台软件、网络应用系统、网络管理系统以及用于特殊网络站点的软件等。如网络操作系统是用于管理网络软、硬件资源，提供简单网络管理的系统软件。常见的网络操作系统有 UNIX、NetWare、Windows NT、Linux 等。

4．必须遵循通信规则

在计算机网络中，计算机之间需要互相通信时，它们必须使用相同的语言。而这种语言既是通信的规则，也是一种通信协议，如局域网中常用的通信协议主要包括 TCP/IP、NetBEUI 和 IPX/SPX 三种协议，每种协议都有其适用的应用环境。

5．计算机网络具有交互通信、资源共享及协同工作等功能

资源共享是计算机网络的主要目的，而交互通信则是计算机网络实现资源共享的重要前提。例如，利用以 Internet 为代表的计算机网络，用户可以传递文件、发布信息、查阅/获取信息等。

二、计算机网络与电子商务

随着计算机与网络技术的普及与发展，特别是全球经济一体化和互联网（Internet）技术的广泛应用，我国的电子商务迅速崛起。电子商务中的大部分交易是通过网络实施的，计算机网络是开展电子商务的基础平台，电子商务网站开发、实施与管理都是在计算机网络上进行的，电子商务的网络安全也是靠计算机网络安全技术保障的。电子商务分为两个部分，一个是电子，一个是商务，电子是手段，商务是目的。所谓电子就是计算机网络方面的技术，包括硬件和软件的基础设施，它是实现商务目的的基础。如图 1-2 所示的电子商务一般框架，它简要地描绘出了这个环境中的主要因素，由四个层次和两个支柱构成。

图 1-2　电子商务一般框架

从图中可以看出，电子商务的应用是建立在商业服务、网站及信息传播和网络基础设施之上，而两个支柱是：公共政策、法律及隐私问题和各种技术标准、安全、网络协议。公共政策、法律、隐私问题：是指与电子商务相关的公共政策和法律等内容，主要包括消费者权益保护、网络隐私权、知识产权、网络税收、电子合同等。

（一）电子商务网络基础设施

企业要顺利开展电子商务，就离不开计算机网络基础设施建设，电子商务网站通常是运作在公共网络和专用网络上，网络基础设施主要是信息传输系统，它包括远程通信网、有线电视网、无线通信网和 Internet 等。以上这些不同的网络都提供了电子商务信息传输的线路。

计算机网络的基本组成包括四个方面，即连接对象、连接介质、连接控制机制（如约定、协议、软件）、连接的方式与结构等。计算机网络连接的对象是各种类型的计算机（如大型计算机、工作站、PC 机、服务器等）或其他数据终端设备（如各种计算机外部设备、终端服务器等）。当然，现在已经有越来越多的非计算机类终端设备，以多种方式连接到网络，如个人数字助理（PDA，Personal Digital Assistant）、移动电话等手持终端设备都可以通过无线或有线方式上网。从这个意义上说，计算机网络的概念已经被大大的拓宽了。计算机网络的连接介质是通信线路（如双绞线、同轴电缆、光纤、微波、卫星链路等）和通信设备（如网卡、中继器、集线器、交换机、网桥、路由器、调制解调器等），其控制机制是各层的网络协议和各类网络软件，其连接方式和结构有多种类型。如图 1-3 所示为一个简单的网络连接示意图。

基于信息交换和资源共享的迫切需求，人们要求一栋楼或一个部门的计算机互联，于是局域网（LAN，Local Area Network）应运而生。为了实现广泛的信息交换和资源共享，扩大网络连接规模，需要将局域网互联起来，互联网（Internet）正好解决了这个问题。互联网技术是实现电子商务应用的最重要的基础之一，电子商务的发展与国际互联网的发展息息相关，如 IP 地址及域名、Internet 的接入方法、WWW 服务、FTP 服务、E-mail 服务、远程登录 Telnet、BBS 与 Blog 等都是实现电子商务的主要技术与应用，而了解计算机网络的概念、功能组成、体系结构和网络协议正是各种网络组成的理论前提。

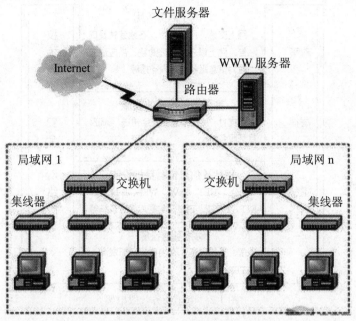

图1-3 网络连接示意图

（二）电子商务商业服务基础设施

这个层次主要是实现标准的网上商务活动服务，以方便网上交易，是所有企业、个人做贸易时都会使用到的服务。它主要包括：商品目录/价目表建立、电子支付、商业信息的安全传送、认证买卖双方的合法性等。对电子商务来说，目前的消息的传播要适合电子商务的业务要求，必须提供安全和认证机制来保证信息传递的可靠性、不可篡改性和不可抵赖性，且在有争议的时候能够提供适当证据。商务服务的关键问题就是安全的电子支付。目前，很多的技术如密码技术、数字证书、SET协议等都是为这个服务的。

（三）电子商务网站及信息传播基础设施

电子商务网站是企业构建内部信息系统、展示形象、提供产品信息、开展网络营销、实施电子交易、提供销售订单管理和客户个性化服务的关键平台。

最简单的Web网站通常由Web浏览器和Web服务器两层构成，稍复杂一些的网站则包括三层：即Web浏览器、Web服务器和数据库服务器。目前基于B/S模式和三层架构模型进行网站设计应用最为广泛，如图1-4所示。

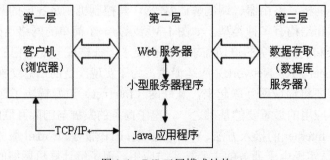

图1-4 B/S三层模式结构

电子商务网站开发与运用涉及网络操作系统（Windows NT、Linux 等）、Web 技术、数据库技术（Access、SQL Server、MySQL、Oracle 等）以及各种开发工具如 HTML、XML、Dreamweaver、ASP.NET、Java/JDBC、JSP、PHP 等。

目前，在 Internet 上最流行的信息传播与信息发布的方式是以 HTML（Hyper Text Markup Language，超文本标记语言）的形式将信息发布在 WWW 上。企业可以利用网站主页、电子邮件、FTP 等在 Internet 上发布各类商业信息，客户使用浏览器上网，借网上的检索工具迅速找到所需的商品信息，向 Web 服务器发送请求，Web 服务器处理请求，查询数据库，执行应用程序，并将结果信息组织成超文本标记语言页面发送给用户，在用户的浏览器上显示结果。

（四）实施电子商务的网络安全服务平台

网络安全体系构建如图 1-5 所示，共分三个层次：应用服务层、消息服务层、网络服务层。具体包括系统安全配置、防火墙、计算机病毒与黑客防范、信息加密与数字认证等技术，这些安全防范的具体措施后面章节专门讨论。

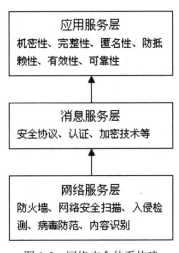

图 1-5 网络安全体系构建

1.4 任务分解

计算机网络的形成与发展经历了四个阶段：

第一阶段：以单个计算机为中心的远程联机系统构成的面向终端的计算机网络，其特点是一台中央主机连接大量分散的终端构成。

第二阶段：多个计算机通过通信线路互联的计算机网络。特点：①通过通信线路将各主机相连、实现资源共享；②该网络系统分为通信子网和资源子网。

第三阶段：具有统一的网络体系结构，遵循标准化协议的计算机网络即现代计算机网络。其特点是：①标准的计算机网络：国际标准化组织（ISO）在 1984 年正式制定颁布了"开放系统互连基本参考模型（OSI）"的国际标准。②OSI 规定了可以互联的计算机系统之间的通信协议；③定义了异种机联网的标准框架；④为连接分散的"开放"系统提供了基础。

第四阶段：网络互联与高速网络。其特点是：①网络互联：把不同的计算机网络互相连接起来，实现网络间的通信和资源共享；②20 世纪 90 年代至今，计算机网络向互连、高速、智能化和全球化发展，并且迅速得到普及，实现了全球化的广泛应用。代表是 Internet。

本项目从计算机网络的基本特性出发，共分解为 4 个任务进行理解与学习，分别是计算机网络分类、网络拓扑结构、计算机网络结构组成和网络协议及分层参考模型等。每个任务按照任务目的、任务描述和任务实现等三个部分依次学习，并通过拓展任务的具体实践，加深对本项目相关知识的理解与认识。

任务 1　计算机网络的分类

一、任务目的

1．了解计算机网络的分类标准。
2．掌握局域网和广域网的概念及特点。

二、任务描述

计算机网络的种类繁多，性能各异。根据不同的分类原则，可以得到不同类型的计算机网络。常见的分类方式有哪些？各网络的基本特点有哪些呢？

三、任务实现

（一）计算机网络的分类标准
1．按照网络分布距离分：局域网、城域网和广域网。
2．按照使用范围分：公用网和专用网。
3．按照传输技术分：广播式与点到点式网络。
4．按照交换方式分：报文交换与分组交换网等。
5．按照网络的传输介质分：有线网、光纤网和无线网。
6．按照网络的服务方式分：对等网和客户端/服务器网络。
7．按照网络拓扑结构分：星型、总线型、环型等。

目前比较公认的能反映网络技术本质的分类方法是按计算机网络的分布距离分类。因为在距离、速度、技术细节三大因素中，距离影响速度，速度影响技术细节。由于该分类方式能够从数据传输方式、传输介质及技术等多方面反映网络特征，因此已经成为目前较为流行的计算机网络分类方式。

（二）按分布距离分类
计算机网络按分布距离可分为局域网（LAN，Local Area Network）、城域网（MAN，Metropolitan Area Network）和广域网（WAN，Wide Area Network）三种类型，如图 1-6 所示。
1．局域网
局域网是指在某一区域内由多台计算机互联而成的计算机网络，通常又称私网、内网。"某一区域"指的是同一办公室、同一建筑物、同一公司和同一学校等，一般是方圆几千米以内。局域网可以实现文件管理、应用软件共享、打印机共享、扫描仪共享、工作组内的日程安排、电子邮件和传真通信服务等功能。局域网是封闭型的，可以由办公室内的两台计算机组成，也可以由一个公司内的上千台计算机组成。

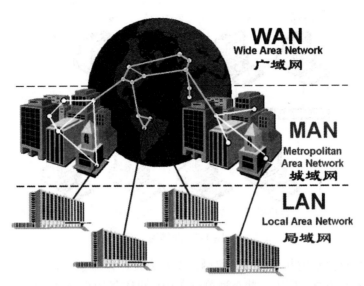

图 1-6 按照分布距离划分

局域网作用范围小，地理范围在 10m～1km，传输速率在 1Mbps 以上。目前常见局域网的速率有 10Mbps、100Mbps。局域网技术成熟、发展快，是计算机网络中最活跃的领域之一。

局域网采用技术有以太网、令牌环网（IEEE 802.5）、FDDI（光纤分布式数据接口）、ATM等，目前使用最多的是以太网。以太网又分为 IEEE802.3 标准以太网－10Mbps 细同轴电缆，IEEE802.3u 快速以太网－100Mbps 双绞线，IEEE802.3z 千兆以太网－1000Mbps 光纤或双绞线，直至万兆以太网等。随着交换技术的快速发展解决了传统共享式局域网络的效率低、低带宽和不易扩展等问题，局域网未来发展的趋势是交换式局域网络。

2．城域网

城域网作用范围为一个城市，地理范围为 5km～10km，传输速率在 1Mbps 以上。

3．广域网

广域网就是通常所说的公网、外网，Internet 是一个遍及全世界的广域网。广域网作用的范围很大，可以是一个地区、一个省、一个国家及跨国集团，地理范围一般在 100km 以上，传输速率较低（<0.1Mbps）。广域网上的每一台计算机（或其他网络设备）都有一个或多个广域网 IP 地址（或者说公网、外网 IP 地址），广域网 IP 地址一般要到 ISP 处交费之后才能申请到，广域网 IP 地址不能重复。

广域网协议包括有 PPP 点对点协议、ISDN 综合业务数字网、xDSL（DSL 数字用户线路的统称：HDSL、SDSL、MVL、ADSL）、DDN 数字专线、X.25、FR 帧中继、ATM 异步传输模式等。

（三）按工作（服务）模式分类

1．对等网络

"对等网"（Peer to Peer）又称"工作组网"。在对等网络中，所有计算机地位平等，没有从属关系，也没有专用的服务器和客户端。网络中的资源是分散在每台计算机上的，每一台计算机都有可能成为服务器也有可能成为客户端。网络的安全验证在本地进行，一般对等网络中的用户小于或等于 10 台，如图 1-7 所示。

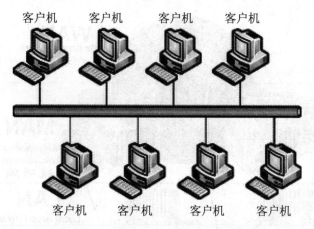

图 1-7　对等网

　　对等网能够提供灵活的共享模式，组网简单、方便，但难于管理，安全性能较差。它可满足一般数据传输的需要，所以一些小型单位在计算机数量较少时可选用"对等网"结构。

　　2．基于服务器的网络（C/S）

　　基于服务器的网络又称客户端/服务器模式（Client/Server，简称 C/S），如图 1-8 所示。

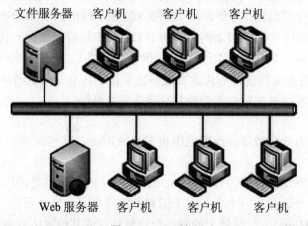

图 1-8　C/S 网络

　　这种类型中的网络中由一台或几台较大计算机集中进行共享数据库的管理和存取（如WWW 服务、邮件服务、FTP 服务等），称为服务器，而将其他的应用处理工作分散到网络中其他计算机（客户端）上去做，负责向服务器发送请求并处理相关事务，构成分布式的处理系统。客户端需要安装专用的客户端软件。

　　B/S 结构（Browser/Server，浏览器/服务器模式）是 Web 兴起后的一种网络结构模式，Web 浏览器是客户端最主要的应用软件。客户端上需要安装一个浏览器（Browser），如 Internet Explorer。

　　C/S 一般建立在专用的网络上，是小范围里的网络环境，局域网之间再通过专门服务器提供连接和数据交换服务。B/S 建立在广域网之上，不必是专门的网络硬件环境，例如电话上网、租用设备，信息自己管理，有比 C/S 更强的适应范围，一般只要有操作系统和浏览器就行。

3．专用服务器

在专用服务器网络中，其特点和基于服务器模式功能差不多，只不过服务器在分工上更加明确。在大型网络中服务器可能要为用户提供不同的服务和功能，如：文件打印服务、Web、邮件、DNS 等。那么，使用一台服务器可能承受不了这么大压力，所以，网络中就需要有多台服务器为其用户提供服务，并且每台服务器只提供专一的网络服务。

任务2　网络拓扑结构

一、任务目的

1．了解拓扑结构的概念。
2．熟悉常用网络拓扑结构及其特点。

二、任务描述

计算机与网络设备要实现互联，就必须使用一定的组织结构进行连接，这种组织结构就叫做"拓扑结构"（Network Topology）。网络拓扑结构形象地描述了网络的安排和配置方式，以及各结点之间的相互关系，通俗地说，"拓扑结构"就是指这些计算机与通信设备是如何连接在一起的。了解网络的拓扑结构是认识网络的基础，也是设计、组建计算机网络时必须考虑的问题。

网络拓扑结构主要有星型结构、树型结构、总线型结构、环型结构和网状型结构五种类型，如图 1-9 所示。

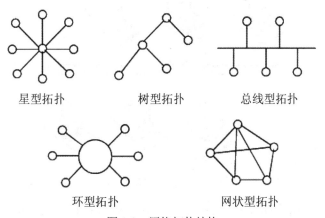

星型拓扑　　　　树型拓扑　　　　总线型拓扑

环型拓扑　　　　网状型拓扑

图 1-9　网络拓扑结构

下面，将从拓扑结构的形状、特点等方面，分别对三种基本的网络拓扑结构进行简单介绍。

三、任务实现

（一）星型拓扑结构

以中央结点为中心与各结点连接。其特点是：系统稳定性好，故障率低。由于任何两个结点间通信都要经过中央结点，故中央结点出故障会导致整个网络瘫痪。中央结点常用集线器或交换机，作用为多路复用。目前大多数局域网均采用星型拓扑结构，如图 1-10 所示。

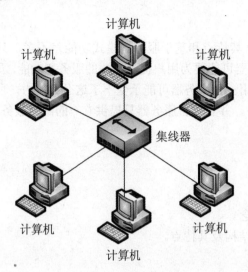

图 1-10 星型拓扑结构

优点：结构简单、容易实现、便于管理，连接点的故障容易监测和排除。缺点：中央结点是全网络的瓶颈，中央结点出现故障会导致网络的瘫痪。

（二）总线型拓扑结构

使用一条中央主电缆将相互间无直接连接的多台计算机联系起来的布局方式，称为总线型拓扑结构，其中的中央主电缆便称为"总线"，其结构如图 1-11 所示。

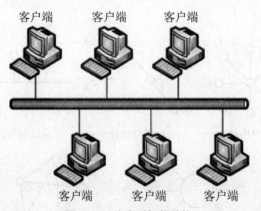

图 1-11 总线型拓扑结构

在总线型网络中，所有计算机都必须使用专用的硬件接口直接连接在总线上，任何一个结点的信息都能沿着总线向两个方向进行传输，并且能被总线上的任何一个结点所接收。由于总线型网络内的信息向四周传播，类似于广播电台，因此总线型网络也被称为广播式网络。

优点：结构简单、布线容易、可靠性较高，易于扩充，是局域网络常采用的拓扑结构。

缺点：所有的数据都需经过总线传送，总线成为整个网络的瓶颈，出现故障诊断较为困难。最著名的总线型拓扑结构是以太网（Ethernet）。

（三）环型拓扑结构

环型网内的各结点通过环路接口连在一条首尾相连的闭合环型通信线路中，其结构如图 1-12 所示。

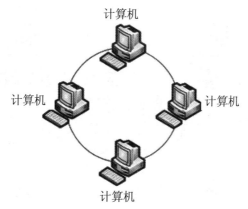

图 1-12　环型拓扑结构

优点：信息在网络中沿固定方向流动，两个结点间有唯一的通路，可靠性高。缺点：由于整个网络构成闭合环，故网络扩充起来不太方便。

说明： 由 IBM 公司于 1985 年推出的令牌环网（IBM Token Ring）是环型网络的典范。

任务 3　计算机网络结构组成

一、任务目的

1. 了解计算机网络的组成。
2. 熟悉通信子网和资源子网的组成及其用途。

二、任务描述

从计算机网络的定义可知，组成网络的三要素为计算机及辅助设备（如集线器、交换机等）、通信介质（如同轴电缆、双绞线、无线等）、网络软件（Windows Server、Novell、UNIX等），要实现网络交互功能必须要有网络协议。由于计算机网络技术的快速发展与应用，组成计算机网络的要素越来越丰富，若从逻辑上讲，计算机网络是由"通信子网"和"资源子网"两部分组成；若从硬件上讲，计算机网络是由网络硬件和网络软件组成。那么，如何从整体上认识计算机网络的组成？各部分功能有哪些，又是如何划分的呢？

组建计算机网络的目的是实现不同位置计算机间的相互通信和资源共享，如果从计算机网络各组成部件所完成的功能来划分的话，可以将计算机网络分为通信子网和资源子网两大部分，如图 1-13 所示。

三、任务实现

（一）通信子网

多台计算机间的相互连通是组成计算机网络的前提，通信子网的目的在于实现网络内多台计算机间的数据传输。通常情况下，通信子网出以下几部分组成。

1. 传输介质

传输介质是数据在传输过程中的载体，计算机网络内常见的传输介质分为有线传输介质和无线传输介质两种类型。

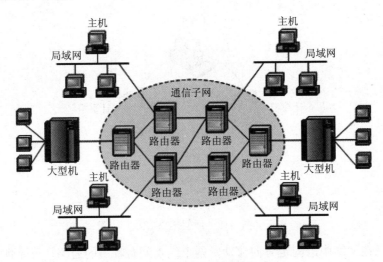

图 1-13　计算机网络结构组成

有线传输介质是指能够使两个通信设备实现互联的物理连接部分。计算机网络发展至今，共使用过同轴电缆、双绞线和光纤三种不同的有线传输介质。

无线传输是一种不使用任何物理连接，而通过空间进行数据传输，以实现多个通信设备互联的技术，其传输介质主要有红外线、激光、微波等。

2．中继器

中继器安装于传输介质之间，其作用是再生放大数字信号，以扩大网络的覆盖范围。

3．集线器和交换机

集线器也叫集中器，在网络内主要用于连接多台计算机。随着网络技术的发展和应用需求的不断变化，具有更多功能及更高效率的交换机已经逐渐取代了集线器。

4．网络互联设备

随着计算机网络数量的增多，人们开始利用网桥、网关和路由器等网络互联设备来连接位于不同地理位置的计算机网络，以扩大计算机网络的规模，提高网络资源的利用率。

5．网桥

用于连接相同结构的局域网，以扩大网络的覆盖范围，并通过降低网络内冗余信息的通信流量，来提高计算机网络的运行效率。

6．网关

通常位于不同类型的网络之间，以实现不同网络内计算机之间的相互通信。

7．路由器

一般用于连接较大范围的计算机网络，其作用是在复杂的网络环境中，为数据选择传输路径。

8．Modem

Modem（调制解调器）的功能是实现数字信号与模拟信号之间的相互转换，主要用于传统的拨号上网方式。

（二）资源子网

对于计算机网络用户而言，资源子网实现了面向用户提供和管理共享资源的目的，是计算机网络的重要组成部分，通常由以下几部分组成。

1．服务器

服务器是计算机网络中向其他计算机或网络设备提供服务的计算机，通常会按照所提供服务的类型被冠以不同的名称，如数据库服务器、邮件服务器等。

2．客户端

客户端是一种与服务器相对应的概念。在计算机网络中，享受其他计算机所提供服务的计算机就称为客户端。

3．共享设备

共享设备是计算机网络共享硬件资源的一种常见方式，而打印机、传真机等设备则是较为常见的共享设备。

4．网络软件

网络软件主要分为服务软件和网络操作系统两种类型。其中，网络操作系统管理着网络内的软、硬件资源，并在服务软件的支持下为用户提供各种服务项目。

任务 4　网络协议及 OSI、TCP/IP 参考模型

一、任务目的

1．了解网络协议和体系结构的概念。
2．了解 OSI 参考模型及各层主要功能和协议。
3．熟悉 TCP/IP 体系结构及分层协议。

二、任务描述

网络上的计算机之间是如何交换信息的呢？就像我们说话用某种语言一样，在网络上的各台计算机之间也有一种语言，这就是网络协议，不同的计算机之间必须使用相同的网络协议才能进行通信。

网络体系结构是指通信系统的整体设计，它为网络硬件、软件、协议、存取控制和拓扑提供标准。它广泛采用的是国际标准化组织（ISO）在 1979 年提出的开放系统互连（OSI，Open System Interconnection）参考模型。计算机网络的分层及其协议的集合称为网络的体系结构。著名的体系结构有 OSI 和 TCP/IP 参考模型。

从现在网络领域的使用情况来分析，定义 OSI 参考模型与 TCP/IP 参考模型的意义何在？两者有何异同？

三、任务实现

（一）计算机网络协议

网络协议是网络上所有设备（网络服务器、计算机、交换机、路由器、防火墙等）之间通信规则的集合，它定义了通信时信息必须采用的格式和这些格式的意义。大多数网络都采用分层的体系结构，每一层都建立在它的下层之上，向它的上一层提供一定的服务，而把如何实现这一服务的细节对上一层加以屏蔽。一台设备上的第 n 层与另一台设备上的第 n 层进行通信的规则就是第 n 层协议。在网络的各层中存在着许多协议，接收方和发送方同层的协议必须一致，否则一方将无法识别另一方发出的信息。网络协议使网络上各种设备之间能够相互交换信

息。常见的协议有：TCP/IP 协议、IPX/SPX 协议、NetBEUI协议等。在局域网中用得比较多的是 IPX/SPX。如果用户访问 Internet，则必须在网络协议中添加 TCP/IP 协议。

（二）OSI 参考模型

1980 年国际标准化组织公布了开放系统互连参考模型（OSI/RM，Open System Interconnection/Reference Model）。整个模型分成七层，物理层、数据链路层、网络层、传输层、会话层、表示层和应用层，如图 1-14 所示。

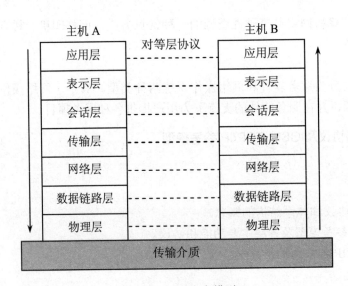

图 1-14　OSI 参考模型

OSI 的分层使计算机网络的体系结构变得层次分明，概念清晰。

1．物理层（Physical Layer）

OSI 模型的最低层或第一层，规定了激活、维持、关闭通信端点之间的机械特性、电气特性、功能特性以及过程特性，为上层协议提供了一个传输数据的物理媒体。在这一层，协议数据单元为比特（bit）。

属于物理层定义的典型规范代表包括：RS-232、RS-449、RS-485、USB2.0、IEEE 1394、xDSL、X.21、V.35、RJ-45 等。

在物理层的互联设备包括：集线器（Hub）、中继器（Repeater）等。

2．数据链路层（Datalink Layer）

OSI 模型的第二层，它控制网络层与物理层之间的通信，其主要功能是在不可靠的物理介质上提供可靠的传输。该层的作用包括：物理地址寻址、数据的成帧、流量控制、数据的检错、重发等。在这一层，协议数据单元为帧（frame）。

在数据链路层的互联设备包括：网桥（Bridge）、交换机（Switch）等。

数据链路层协议的代表包括：LLC、SDLC、HDLC、MAC、PPP、STP、帧中继、CSMA/CD、CSMA/CA 等。各协议详细说明如下：

逻辑链路控制 LLC（Logical Link Control）协议；

同步数据链路控制 SDLC（Synchronous Data Link Control）协议；

高级数据链路控制 HDLC（High-Level Data Link Control）协议；

多路访问控制 MAC（Multiple Access Control）协议；

点对点协议 PPP（Point to Point Protocol）；

生成树协议 STP（Spanning Tree Protocol）；

带冲突检测的载波监听多路访问 CSMA/CD（Carrier Sense Multiple Access with Collision Detection）；

带冲突避免的载波监听多路访问 CSMA/CA（Carrier Sense Multiple Access with Collision Avoidance）。

3．网络层（Network Layer）

OSI 模型的第三层，其主要功能是将网络地址翻译成对应的物理地址，并决定如何将数据从发送方路由到接收方。该层的作用包括：对子网间的数据包进行路由选择，实现拥塞控制、网际互连等功能。在这一层，协议数据单元为数据包（packet）。

网络层协议的代表包括：IP、ARP、IPX、DDP、RIP、OSPF、RARP、ICMP、IGMP、NetBEUI 等。

在网络层的互联设备包括：路由器（Router）等。各协议功能具体如下：

互联网协议 IP（Internet Protocol）

地址解析协议 ARP（Address Resolution Protocol）

互联网分组交换协议 IPX（Internetwork Packet Exchange Protocol）

数据报传输协议 DDP（Datagram Delivery Protocol）

路由信息协议 RIP（Routing Information Protocol）

开放最短路由优先协议 OSPF（Open Shortest Path First）

反向地址转换协议 RARP（Reverse Address Resolution Protocol）

互联网控制报文协议 ICMP（Internet Control Message Protocol）

互联网组管理协议 IGMP（Internet Group Management Protocol）

NetBIOS 用户扩展接口协议 NetBEUI（NetBIOS Extended User Internet）

X.25（一种分组交换网协议）

Ethernet（以太网协议）

NWLink——IPX/SPX 传输协议的微软实现

4．传输层（Transport Layer）

OSI 模型中最重要的一层，是第一个端到端，即主机到主机的层次。其主要功能是负责将上层数据分段并提供端到端的、可靠的或不可靠的传输。此外，传输层还要处理端到端的差错控制和流量控制问题。在这一层，协议数据单元为数据段（segment）。

传输层协议的代表包括：TCP、UDP、SPX 等。

传输控制协议 TCP（Transmission Control Protocol）

用户数据报协议 UDP（User Datagram Protocol）

序列分组交换协议 SPX（Sequenced Packet Exchange Protocol）

名字绑定协议 NBP（Name Binding Protocol）

ATP（AppleTalk 事务协议，Apple 公司的网络协议族）——用于管理会话

5．会话层（Session Layer）

OSI 模型的第五层，管理主机之间的会话进程，即负责建立、管理、终止进程之间的会话。

其主要功能是建立通信链路,保持会话过程通信链接的畅通,利用在数据中插入校验点来同步两个结点之间的对话,决定通信是否被中断以及通信中断时从何处重新发送。

6.表示层(Presentation Layer)

OSI模型的第六层,应用程序和网络之间的翻译官,负责对上层数据或信息进行变换以保证一个主机应用层信息可以被另一个主机的应用程序理解。表示层的数据转换包括数据的解密和加密、压缩、格式转换等。

7.应用层(Application Layer)

OSI模型的第七层,负责为操作系统或网络应用程序提供访问网络服务的接口。术语"应用层"并不是指运行在网络上的某个特别应用程序,应用层提供的服务包括文件传输、文件管理以及电子邮件的信息处理。

在应用层的互联设备包括:网关(Gateway)等。

应用层协议的代表包括:FTP、Telnet、SMTP、TFTP、HTTP、POP3、NNTP、IMAP4、HTTPS、SNMP、DNS、SMB、BOOTP、NFS、NCP等。各协议功能和常用端口号为:

文件传输协议FTP(File Transfer Protocol),端口号为21

远程终端协议TELNET(Remote Terminal Protocol),端口号为23

简单邮件传输协议SMTP(Simple Mail Transfer Protocol),端口号为25

简单文件传输协议TFTP(Trivial File Transfer Protocol),端口号为69

超文本传输协议HTTP(Hypertext Transfer Protocol),端口号为80

邮局协议POP3(Post Office Protocol),端口号为110

网络新闻传输协议NNTP(Network News Transport Protocol),端口号为119

互联网邮件访问协议IMAP4(Internet Mail Access Protocol),端口号为143

安全套接层超文本传输协议HTTPS(Hypertext Transfer Protocol over Secure Socket Layer),端口号为443

简单网络管理协议SNMP(Simple Network Management Protocol)

域名服务协议DNS(Domain Name Service)

服务器消息块协议SMB(Server Message Block Protocol)

自举协议BOOTP(Bootstrap Protocol)

网络文件系统NFS(Network File System)

网络核心协议NCP(NetWare Core Protocol)

X.500(一种目录服务系统协议)

AFP(AppleTalk文件协议),Apple公司的网络协议族——用于交换文件

说明:对等层即双方相对等的层次。例如主机A的网络层与主机B的网络层,主机A的会话层与主机B的会话层都是对等层。双方对等层之间的通信规则在OSI参考模型中称为对等层协议。例如,物理层协议、网络层协议等。

服务原语:OSI参考模型将相邻层之间传送信息的规则叫做服务原语。每一层可使用四种类型的服务原语,即请示、指示、响应、证实。

相邻层之间的关系是服务与被服务的关系。各层的服务细节对其他层屏蔽,每一层只能执行本层所承担的具体任务,且相对独立。"协议"是水平的,存在于对等层之间。"服务"是垂直的,存在于相邻层之间。

（三）TCP/IP 参考模型

TCP/IP 体系结构分为四层，层次相对要简单得多，因此在实际的使用中比 OSI/RM 更具有实用性，所以它得到了更好的发展。现在的计算机网络大多是 TCP/IP 体系结构，如图 1-15 所示。

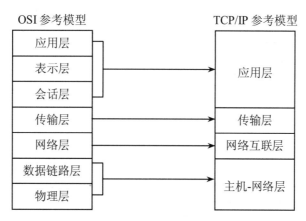

图 1-15　TCP/IP 参考模型

TCP/IP 参考模型分为四层，各层主要特点和功能如下：

（1）网络接口层（Network Interface Layer）。网络接口层又称主机-网络层，它是 TCP/IP 协议的最底层，是负责网络层与硬件设备间的联系。这一层的协议非常多，包括各种逻辑链路控制和媒体访问。任何用于 IP 数据报交换的分组传输协议均可包含在这一层中。

（2）网络互联层（Internet Layer）。网络互联层解决的是计算机到计算机间的通信问题，它包括三个方面的功能：

- 处理来自传输层的分组发送请求，收到请求后将分组装入 IP 数据报，填充报头，选择路径，然后将数据报发往适当的网络接口。
- 处理数据报。
- 处理网络控制报文协议，即处理路径、流量控制、阻塞等。

（3）传输层（Transport Layer）。传输层解决的是计算机程序到计算机程序之间的通信问题。计算机程序到计算机程序之间的通信就是通常所说的"端到端"的通信。传输层对信息流具有调节作用，提供可靠性传输，确保数据到达无误。

（4）应用层（Application Layer）。应用层提供一组常用的应用程序给用户。在应用层，用户调节访问网络的应用程序，应用程序与传输层协议相配合，发送或接收数据。每个应用程序都有自己的数据形式，它可以是一系列报文或字节流，但不管采用哪种形式，都要将数据传送给传输层以便交换。

（四）TCP/IP 分层协议

TCP/IP 协议是目前最成熟并广为接受的通信协议之一，它不仅广泛应用于各种类型的局域网络，而且也是 Internet 的协议标准，用于实现不同类型的网络以及不同类型操作系统的主机之间的通信。TCP/IP 协议事实上是一个协议栈，由许多种网络协议组合而成，包括 ARP、ICMP、IGMP、IP、TCP 和 UDP 等多种协议，而 TCP 协议和 IP 协议是其中两个最重要的协议，如图 1-16 所示。

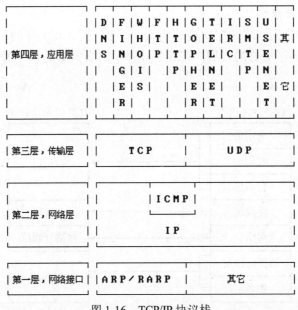

图 1-16   TCP/IP 协议栈

在应用层，基于 TCP 协议的 DNS、FTP 和 HTTP 等服务，基于 UDP 的 TELNET、FTP 等服务，这些都是计算机网络基础应用的重要内容，在后面的章节中将会详细介绍。

1.5   拓展任务

拓展任务 1   查找并访问电子商务网站

任务要求：列出国内外 20 个优秀 B2C 电子商务网站，写出具体的网络访问地址，并简述网站特点和主要经营商品。

例如：http://www.dangdang.com，当当网，其网站主页如图 1-17 所示。

图 1-17   网站主页

拓展任务2　画出实训机房的网络拓扑结构及连接示意图

现在学校都建设有校园网络，学生实习实训的机房都是小型局域网，有的机房还连接了Internet。根据前面所学知识，请考察各台计算机是如何连接在一起的，有几台交换机，有没有路由器，双绞线的布线方式等等，进而考察机房所在教学楼的其他区域的网络情况。

任务要求：

1．用 Visio 工具画出机房网络拓扑和网络连接示意图。

2．在示意图中，列出电脑、服务器、路由器、交换机、机柜、投影、桌子、网线等品牌型号和数量。

拓展任务3　考察学校校园网络组成

（一）预备知识

校园网是在学校范围内为学校师生提供教学、科研和综合信息服务，以及资源共享、信息交流和协同工作的宽带多媒体网络。首先，校园网应为学校教学、科研提供先进的信息化教学环境。这就要求：校园网是一个具有交互功能和专业性很强的宽带局域网络。多媒体教学软件开发平台、多媒体演示教室、教师备课系统、电子阅览室以及教学、考试资料库等，都可以在该网络上运行。如果一所学校包括多个专业学科（或多个系），也可以形成多个局域网络，并通过有线或无线方式连接起来。其次，校园网应具有教务、行政和后勤管理功能。

（二）任务要求

1．初步认识校园网的概念及应用，了解校园网的主要网络设备及功能。

2．分组参观校园网络中心，听讲解并记录看到的主要网络设备（名称、型号）。

3．实地考察校园内各主要区域的网络配置情况。

参照图 1-18 所示的三层交换的大型校园网解决方案，使用 Visio 软件绘制校园网络拓扑图及网络设备连接示意图。

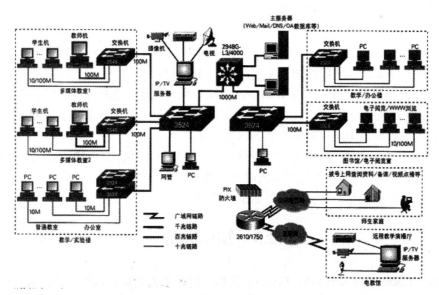

图 1-18　三层交换的大型校园网解决方案

项目二　小型办公局域网络组建

2.1　项目情景

小型办公网络的建立有利于公司管理水平的提升以及员工之间的沟通，提高工作效率。企业 A 拥有员工 20 名，准备构建内部局域网，使员工间可以利用网络进行交流，实现资源的共享，以便为今后在此网络的基础上构建服务器做好准备。该企业的功能需求如下：

1. 利用该内部网络，员工可以使用企业共享的文件等资源。
2. 利用该内部网络，员工之间可以使用内部通信软件进行沟通交流。
3. 如果企业员工规模扩大到 20 人以上，在此内部网络基础上搭建各种服务器，实现文件传输、协同工作等需求。

2.2　项目分析

在小型办公领域，实现办公网络化、资源共享、办公自动化无疑是大势所趋。在本项目情境中描述了一个典型的小型办公网络的功能需求。实现该项目的网络组建，首先我们需画出该网络的拓扑结构，再根据拓扑结构图对网络进行组建。

实现网络组建之前，还需要考虑以下几方面问题：

1. 采用什么类型的传输介质，常见的传输介质包括双绞线、光纤、无线电波等。对公司室内的传输介质（布线介质），由于长度比较长的光纤价格昂贵，选择双绞线是比较实际的。
2. 连接设备的选择

常用的局域网互连设备包括集线器、交换机、路由器、网卡等。

3. 通信协议

常用的网络协议有 NetBEUI、IPX/SPX 和 TCP/IP 三种，其中 NetBEUI 协议虽是为中小局域网设计，但其不支持多网段网络（不可路由），IPX/SPX 协议局限于使用在 NetWare 网络环境中，小型办公领域更多的是使用 Windows 系统，所以我们会选择 TCP/IP 协议进行设置。

对硬件及协议选择并设置完成后，对网络进行连通性测试，如果测试通过，表明组网成功，可以在此局域网之上实现资源共享等网络服务。

综上，小型办公局域网络组建这一项目主要包括硬件连接、TCP/IP 协议配置和资源共享等内容。本项目先介绍局域网组建所需的硬件设备和软件环境，再通过 4 项任务的布置与执行，掌握具体实现所需的操作，加深对主要知识点理解。

2.3　知识准备

局域网（Local Area Network，LAN），又称内网，指覆盖局部区域（如办公室或楼层）的计算机网络。

一、局域网的工作模式

局域网的工作模式主要有："对等网"和"客户端/服务器（C/S）"两种，这主要是以网络中有无专用的服务器来划分。无服务器的网络称为对等网，有服务器的网络称为客户端/服务器网。

1. 对等网

对等网中每台电脑既可以作为客户端，也可以作为服务器。网络中的电脑彼此之间是对等的关系，网络中没有专用的服务器。

对等网是最简单的一种网络模式，具有结构简单、成本低和维护方便等优点，它是客户端/服务器模式的基础。对等网常见的网络结构有总线型和星型两种，如图2-1所示。

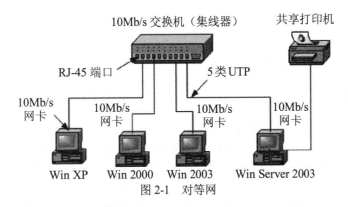

图2-1　对等网

对等网适合网络用户较少，一般在20台计算机以内，适合人员少、应用网络较多的中小企业；它的优点主要有：网络成本低、网络配置和维护简单。它的缺点主要有：网络性能较低、数据保密性差、文件管理分散、计算机资源占用大。

2. 客户端/服务器模式（C/S模式）

提出服务请求的一方称为客户端（Client），提供服务的一方称为服务器端（Server），即服务器集中进行共享数据库的管理和存取，其他的应用处理工作分散到网络中其他计算机上去做，构成分布式的处理系统。这样，服务器控制管理数据的能力已由文件管理方式上升为数据库管理方式。这种网络结构下，利用服务器控制所有文件、文件夹、打印机、扫描仪以及其他资源，客户端必须在它们访问资源前请求服务器并得到批准。在软件配置上，服务器上要运行相应的服务器软件（如Win2003/Win2008），客户端上要运行相应的客户软件（WinXP）。Internet的绝大多数网络是基于客户端/服务器模式的，如图2-2所示。

本节针对"对等网"和"C/S网"都需要掌握的相关硬件及协议等知识进行概述，C/S模式网络需要创建专用服务器并配置DNS、DHCP等相关服务，其内容将在项目四中详细学习。

二、传输介质

传输介质分为有线传输介质和无线传输介质两大类。

有线传输介质是指在两个通信设备之间实现的物理连接部分，它能将信号从一方传输到另一方，有线传输介质主要有双绞线、同轴电缆和光纤。双绞线和同轴电缆传输电信号，光纤传输光信号。

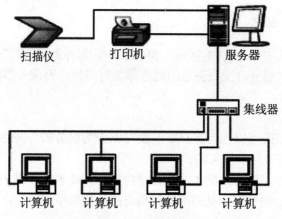

图 2-2   C/S 模式局域网

无线传输介质指在两个通信设备之间不使用任何物理连接，而是通过空间传输的一种技术。常用的无线传输介质有无线电波、微波、红外线等。信息被加载在电磁波上进行传输。

三、连接设备

常用的局域网互连设备有以下几种：

（1）集线器（HUB）：工作于 OSI 参考模型的物理层，采用广播方式发送。也就是说当它要向某结点发送数据时，不是直接把数据发送到目的结点，而是把数据包发送到与集线器相连的所有结点。

（2）交换机（SWITCH）：工作在数据链路层，处理的数据单位是数据帧（Frame）。根据数据帧的目的 MAC 地址（物理地址）进行数据帧的转发操作。数据发送采用全双工"存储-转发"方式，比集线器的半双工广播方式效率高。

（3）路由器（ROUTER）：工作在网络层的设备，处理的数据单元是 IP 数据报。用于互连同构或异构的局域网，负责不同网络之间的主机进行通信。

（4）网卡

又称为网络适配器，简称网卡。网卡是工作在数据链路层的网络组件，是局域网中连接计算机和传输介质的接口。具体来说，网卡是主机箱内插入的一块网络接口板。网卡和局域网之间的通信通过电缆或双绞线以串行传输方式进行。

四、通信协议

（一）常见通信协议

通信协议（Communications Protocol）是指双方实体完成通信或服务所必须遵循的规则和约定。协议定义了数据单元使用的格式\信息单元应该包含的信息与含义、连接方式、信息发送和接收的时序，从而确保网络中数据顺利地传送到正确的地方。

常见通信协议包括以下几种：

（1）NetBEUI（用户扩展接口）：一种短小精悍、通信效率高的广播型协议，安装后不需要进行设置，特别适合于在"网络邻居"间传送数据。常用于不超过 100 台个人计算机所组成的单网段部门级小型局域网。

（2）IPX/SPX（网际交换/顺序包交换）：与 NetBEUI 形成鲜明区别的是 IPX/SPX 比较庞大，在复杂环境下具有很强的适应性，适用于大型网络。

（3）TCP/IP（传输控制协议/因特网互联协议）：具有很强的灵活性，支持任意规模的网络，几乎可连接所有的服务器和工作站，是目前最流行的网络协议，也是 Internet 的基础。在 TCP/IP 的网络中，每个主机都有与其他主机不同的网络地址（IP 地址）。所以在使用 TCP/IP 前要进行 IP 地址配置。

（二）IP 地址

按照 TCP/IP 协议规定，IP 地址用二进制来表示，每个 IP 地址长 32 位，32 位的 IP 地址由网络号和主机号组成。网络号标志主机所连接到的网络，同一物理网络上的所有主机使用同一个网络号（net-id）。主机号（host-id）标志网络中的一台主机。

32 位换算成字节，就是 4 个字节。将 IP 地址用十进制数字表示，中间使用符号 "." 分开不同的字节，IP 地址的这种表示法叫做 "点分十进制表示法"。

1. IP 地址的分类

为了适合各种不同规模的网络，IP 地址被分为 A、B、C、D、E 五大类，分别使用 IP 地址的前几位加以区分。其中 A、B、C 类是可供 Internet 上主机使用的普通 IP 地址，D 类地址是多播地址，用于多目的地信息的传输和作为备用，E 类地址保留作为研究使用，如图 2-3 所示。

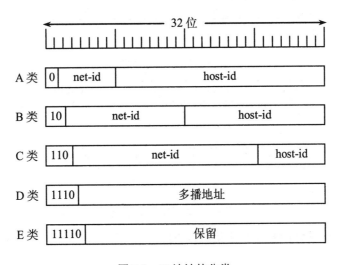

图 2-3 IP 地址的分类

（1）A 类地址

A 类地址由 1 字节的网络号和 3 字节的主机号组成。A 类地址的第 1 位（最左边）总是 0。网络号的范围是 $1 \sim 2^7$-2，主机号的范围是 $1 \sim 2^{24}$-2。A 类地址适合于主机数量非常大的大型网络。如：120.57.78.134 属于 A 类地址。

（2）B 类地址

B 类地址由 2 字节的网络号和 2 字节的主机号组成。B 类地址的前 2 位（最左边）总是 10。网络号的范围是 $1 \sim 2^{14}$-2，主机号的范围是 $1 \sim 2^{16}$-2。B 类地址适合于主机数量较多的中型网络。如：170.83.167.59 属于 B 类地址。

（3）C 类地址

B 类地址由 3 字节的网络号和 1 字节的主机号组成。C 类地址的前 3 位（最左边）总是110。网络号的范围是 $1\sim2^{21}$-2，主机号的范围是 $1\sim2^8$-2。C 类地址适合于主机数量较少的小型网络。如：192.168.0.59 属于 C 类地址。

（4）D 类地址

D 类地址是多播地址。D 类地址的前 4 位（最左边）总是 1110。第一个字节的范围是 224～239。

（5）E 类地址

E 类地址被保留作为研究使用，前 5 位（最左边）总是 11110。

2．子网划分

二级 IP 地址空间的利用率较低，造成 IP 地址浪费的现象，子网划分是解决方案之一。子网划分技术能够使单个网络地址横跨多个物理网络，这些物理网络统称为子网。

简单说来，子网划分的方法是利用子网掩码，从主机位最高位开始借位，变为新的子网位，原先主机位的剩余部分仍为主机位。这使得 IP 地址的结构分为网络号、子网号和主机号三级。比如，对于一个 B 类地址，可以从主机位借 6 位作为子网号。此时的子网掩码如图 2-4（c）所示。

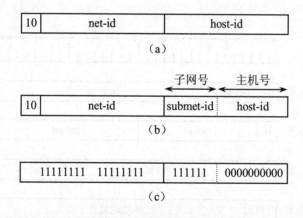

图 2-4　B 类网络的子网划分

A、B、C 类 IP 地址分别有默认的子网掩码，它们分别是 255.0.0.0、255.255.0.0、255.255.255.0。

2.4　任务分解

任务 1　双绞线的制作

一、任务目的

1．了解双绞线制作的两种国际标准。

2．掌握双绞线的制作及工具的使用。

二、任务描述

构建企业内部局域网络，首先需要确定局域网内用于通信设备之间连接的传输介质，最常见以及成本较低的有线传输介质就是双绞线，现有一定长度的 5 类双绞线、RJ-45 水晶头、压线钳和测试仪，请为企业局域网制作布网用双绞线。

制作出的双绞线如图 2-5 所示。

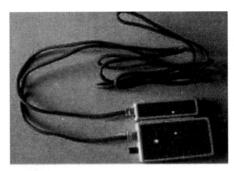

图 2-5　双绞线

三、任务实现

（一）预备知识

在本任务中，主要介绍双绞线的制作。

双绞线制作的国际标准有两种，分别为 EIA/TIA 568A 和 EIA/TIA 568B，如图 2-6 所示。

针脚号 网线标准	1	2	3	4	5	6	7	8
EIA/TIA 568A	绿白	绿	橙白	蓝	蓝白	橙	棕白	棕
EIA/TIA 568B	橙白	橙	绿白	蓝	蓝白	绿	棕白	棕

图 2-6　EIA/TIA 568A 和 EIA/TIA 568B 标准对照表

按照这两种标准制作的双绞线分为两类：直通线和交叉线。

两端接口使用相同标准的双绞线称为直通线，两端接口分别采用 T568A 和 T568B 两个标准的双绞线称为交叉线。

如果双绞线一端连接计算机，另一端连接交换机，则使用直通线，如果双绞线两端分别连接两台计算机，则使用交叉线。

（二）直通线的制作

（1）剪线。利用压线钳的剪线刀口剪取适当长度的双绞线。

（2）剥线。用压线钳的剪线刀口将线头剪齐，再将线头放入剥线刀口，让线头触及挡板，稍微握紧压线钳慢慢旋转，让刀口划开双绞线的保护胶皮，从而拔下保护胶皮，如图 2-7 所示。

图 2-7　利用压线钳剪线

（3）排序。把剥掉保护胶皮的 4 个线对的 8 条芯线，拆开，理顺，捋直。按照标准的线序排列，双绞线两端的线序应同时为 T568A 标准或 T568B 标准，如图 2-8 所示。

（4）剪齐。把线尽量抻直、压平、挤紧理顺，用压线钳将 8 条芯线末端剪齐，如图 2-9 所示。

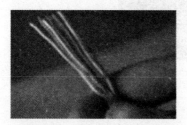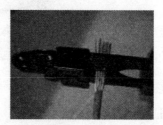

图 2-8　按照标准线序排列　　　　　　　　　　　图 2-9　剪线

（5）插线。用拇指和中指捏住水晶头，使有塑料弹片的一侧向下，针脚一方朝向远离自己的方向，并用食指抵住；另一手捏住双绞线外面的胶皮，缓缓用力将 8 条导线同时沿 RJ-45 头内的 8 个线槽插入，一直插到线槽的顶端，如图 2-10 所示。

（6）压线。检查并确认线序无误且 8 条芯线末端都顶到线槽顶端，将 RJ-45 头从无牙的一侧推入压线钳夹槽后，用力握紧线钳，将突出在外面的针脚全部压入水晶头内，如图 2-11 所示。

图 2-10　插线　　　　　　　　　　　　　　　图 2-11　压线

（7）重复上述方法，制作双绞线另一端。

（8）测试。将制作好的直通线两端分别插到网线测试仪的对应接口，打开电源，如果测试仪上两排指示灯全部按相同次序闪过，证明直通线制作成功，如图 2-12 所示。

（三）交叉线的制作

交叉线的制作步骤（1）～（6）与直通线制作步骤相同。

（7）两端线序不同。如一端为 T568A 标准，另一端为

图 2-12　测试

T568B 标准。

（8）测试。将制作好的直通线两端分别插到网线测试仪的对应接口，打开电源，如果测试仪上两排指示灯分别按照 12345678 和 36145278 的顺序闪动，则证明交叉线制作成功。

任务 2　TCP/IP 协议配置

一、任务目的

1．了解 TCP/IP 的概念。
2．学会 IP 地址的划分。
3．掌握 TCP/IP 协议的配置操作。

二、任务描述

企业内部局域网络硬件配置已完成，接下来要进行 TCP/IP 协议的安装和配置。出于有效利用互联网资源的考虑，要求实现 IPv4 以及 IPv6 地址的设置。

其中，IPv4 地址设置成功的测试结果如图 2-13 所示。

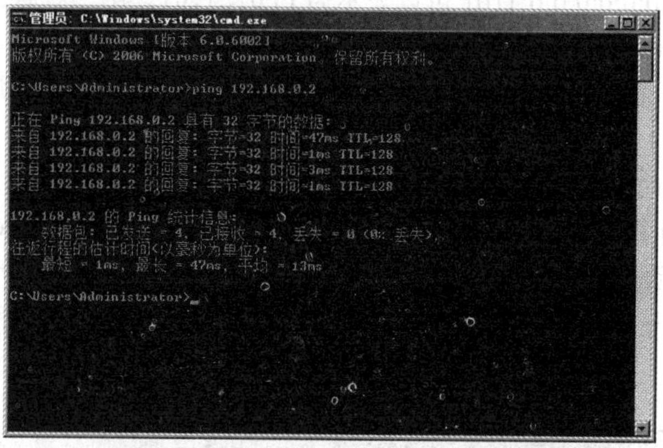

图 2-13　IPv4 地址设置成功的测试结果

IPv6 地址设置成功的测试结果如图 2-14 所示。

图 2-14　IPv6 地址成功设置成功的测试结果

三、任务实现

（一）预备知识

TCP/IP，即 Transmission Control Protocol/Internet Protocol 的简写，中译名为传输控制协议/因特网互联协议，又名网络通信协议，是 Internet 最基本的协议、Internet 国际互联网络的基础，由网络层的 IP 协议和传输层的 TCP 协议组成。

通俗而言：TCP 负责发现传输的问题，一有问题就发出信号，要求重新传输，直到所有数据安全正确地传输到目的地。而 IP 是给因特网的每一台电脑规定一个地址，简称 IP 地址。

常见的 IP 地址，分为IPv4与IPv6两大类。前面理论概述中提到的 32 位 IP 地址即为 IPv4。IPv6 是 Internet Protocol Version 6 的缩写，IPv6 的地址长度为 128 位，是 IPv4 地址长度的 4 倍，采用十六进制表示。

IPv6 有 3 种表示方法。第一种是冒分十六进制表示法，格式为 X:X:X:X:X:X:X:X，其中每个 X 表示地址中的 16 位，以十六进制表示，例如：ABCD:EF01:2345:6789:ABCD:EF01:2345:6789。第二种称为 0 位压缩表示法。在某些情况下，一个 IPv6 地址中间可能包含很长的一段 0，可以把连续的一段 0 压缩为 "::"。但为保证地址解析的唯一性，地址中 "::" 只能出现一次，例如：FF01:0:0:0:0:0:0:1101 可以表示为 FF01::1101。第三种称为内嵌 IPv4 地址表示法。这是为了实现 IPv4、IPv6 之间互通，IPv4 地址会嵌入 IPv6 地址中，此时地址常表示为：X:X:X:X:X:X:d.d.d.d，前 96 位采用冒分十六进制表示，而后 32 位地址则使用 IPv4 的点分十进制表示，例如::192.168.0.1 与::FFFF:192.168.0.1 就是两个典型的例子。

（二）IPv4 地址的设置

（1）首先确认计算机要有网络适配器（网卡），由于 Windows Server 2008 系统具备即插即用功能，系统会自动检测到安装的网卡并自动安装网卡的驱动程序。所以，只需查看网卡的属性。单击"开始"→"管理工具"→"计算机管理"，弹出"计算机管理"窗口，如图 2-15 所示。

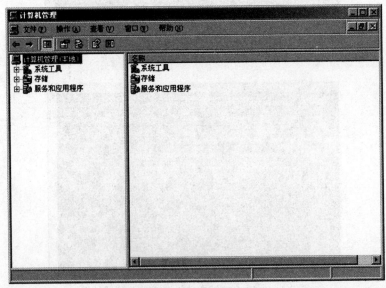

图 2-15 "计算机管理"窗口

（2）展开"系统工具"项，点击"设备管理器"，在右边框区域，双击展开"网络适配器"项，显示"Intel（R）PRO/1000 MT Network Connection"（网卡不同，此处显示的内容不同），表明计算机中已经安装了网卡，如图2-16所示。

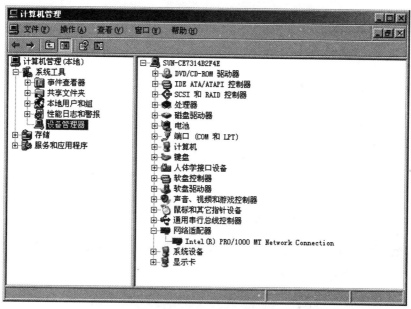

图2-16 查看是否安装网卡

（3）点击"开始"菜单，右键点击"网络"，选择"属性"，弹出"网络和共享中心"窗口，如图2-17所示。

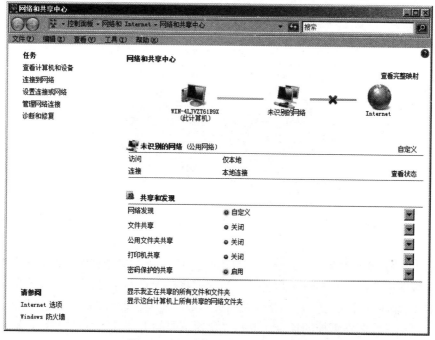

图2-17 "网络和共享中心"界面

（4）点击"管理网络连接"，打开"网络连接"界面，如图 2-18 所示。

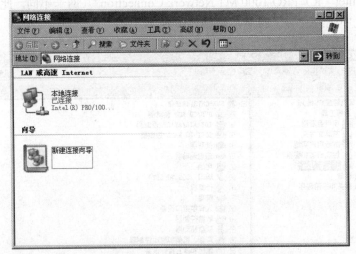

图 2-18 "网络连接"界面

（5）鼠标右键点击"本地连接"，选择快捷方式中的"属性"选项，打开"本地连接属性"界面，如图 2-19 所示。

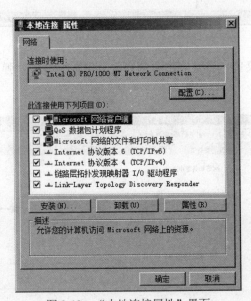

图 2-19 "本地连接属性"界面

（6）选择"Internet 协议版本 4（TCP/IPv4）"选项，点击"属性"按钮，打开"Internet 协议版本 4（TCP/IP）属性"界面。

此处对 IP 的设置有两种方式：选择"自动获得 IP 地址"单选按钮，即动态获取，动态获取要求在局域网中存在一台 DHCP 服务器（该内容将在项目四学习），并且该服务器已经提前设置好了 IP 地址池以及默认网关、DNS 及相关参数，适用于拥有 100 台以上机器，或者不需要对每台客户端进行严格管控的场合；选择"使用下面的 IP 地址"单选按钮，即静态指定，就是用手工的方式将 IP 地址、子网掩码、默认网关、DNS 服务器等选项一一填入，适用于客户端较少的小型办公局域网络。

比如，这里设置 20 台客户端的小型局域网，即可以利用静态指定 IP。需要注意的是，第一，一个局域网内的 IP 地址是唯一的，如果两台客户端设置成一个 IP 地址，就会造成 IP 地址冲突；第二，一个局域网内所有 IP 地址的网络号应该是相同的，如图 2-20 所示。

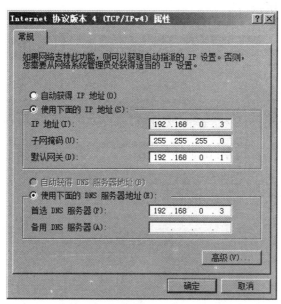

图 2-20　"Internet 协议版本 4（TCP/IP）属性"界面

说明：在局域网通常采用局域网专用的 IP 地址段来指定 IP 地址，这个专用 IP 地址段为 192.168.0.0～192.168.255.255，也即在同一局域网的电脑 IP 设在同一子网内。当然也可以采用其他 C 类 IP 地址。子网掩码要注意与相应的 IP 地址类型对应，如 C 类 IP 地址的子网掩码，在没有子网时为 255.255.255.0。

（7）地址设置完成后，即可用任务 3 中的 ping 命令来测试局域网中的两台计算机之间是否连通，如图 2-21 所示。

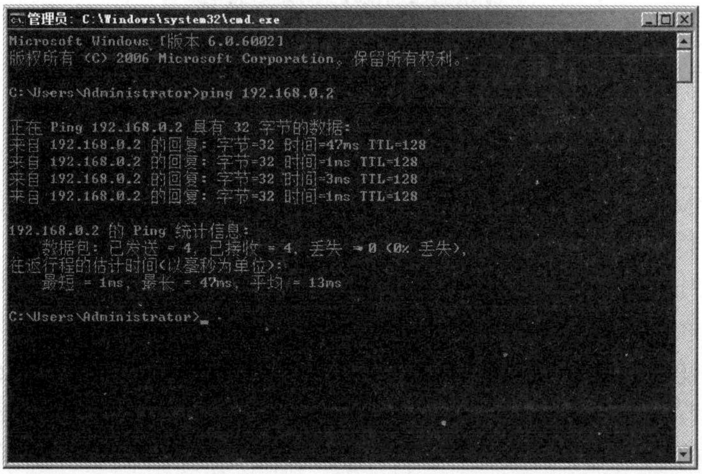

图 2-21　ping 命令测试计算机正常连通

（三）IPv6 地址的设置

IPv6 地址的设置步骤（1）～（4）与 IPv4 地址的设置相同。

（5）鼠标右键点击"本地连接"，选择快捷方式中的"属性"选项，打开"本地连接属性"界面。如果没有显示"Internet 协议版本 6（TCP/IPv6）"选项，说明本机没有安装 Internet 协议版本 6，如图 2-22 所示。

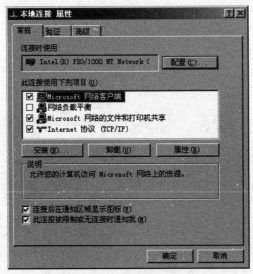

图 2-22　"本地连接属性"界面

（6）点击"Microsoft 网络客户端"，点击"安装"按钮，弹出"选择网络组件类型"对话框，如图 2-23 所示，选择"协议"，点击"添加"。

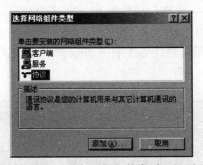

图 2-23　"选择网络组件类型"界面

（7）选择"Microsoft TCP/IP 版本 6"，如图 2-24 所示，点击"确定"按钮，完成 Internet 协议版本 6 的安装。

（8）选择"Internet 协议版本 6（TCP/IPv6）"选项，点击"属性"按钮，打开"Internet 协议版本 6（TCP/IP）属性"界面，如图 2-25 所示。

（9）选择"使用下列 IPv6 地址"单选按钮，输入 IPv6 地址"3FFE:FFFF:7654:FEDA:1245:BA98:4562:3210"，"子网前缀长度"设置为"64"，默认网关为"3FFE:FFFF:7654:FEDA::1"，选择"使用下面的 DNS 服务器地址"单选按钮，设置为"3FFE:FFFF:7654:FEDA:1245:BA98:4562:3210"，即本机就是 DNS 主机，如图 2-26 所示，点击"确定"按钮。

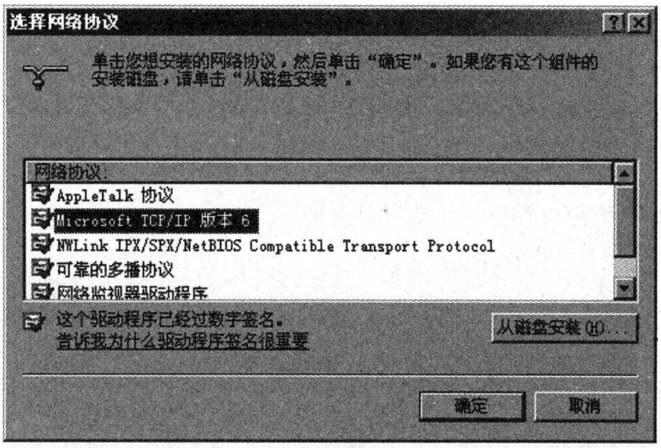

图 2-24　"选择网络协议"界面

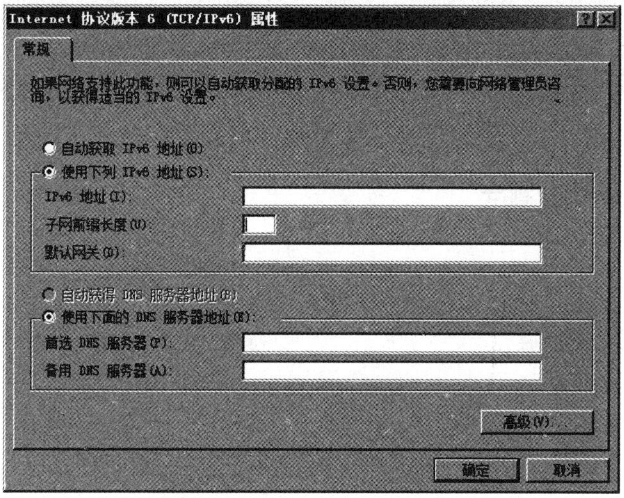

图 2-25　"Internet 协议版本 6（TCP/IPv6）属性"界面

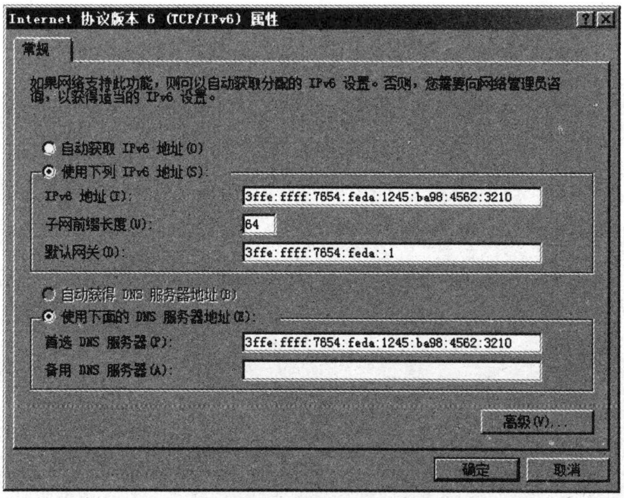

图 2-26　设置 IPv6 地址

（10）地址设置完成后，即可用 2.4.3 节中的 ping 命令来测试局域网中的两台计算机之间是否连通，如图 2-27 所示。其中"ping -6 3ffe:ffff:7654:feda:1245:ba98:4562:3210"中的"-6"表示对 IPv6 网络连线进行测试。

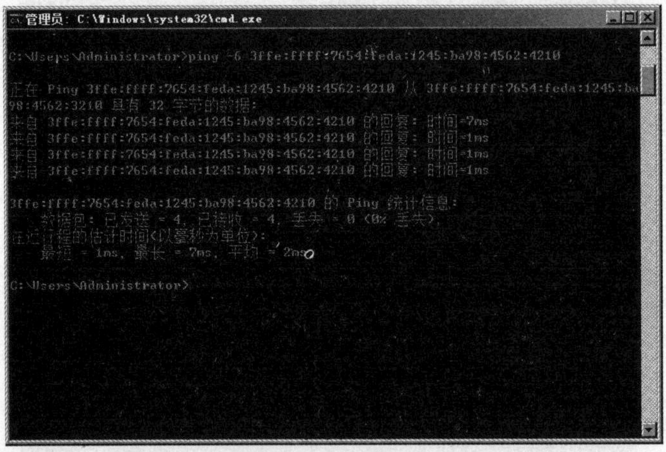

图 2-27　ping 命令测试计算机正常连通

任务 3　网络的连通性测试

一、任务目的

1. 了解网络测试常见方法。
2. 掌握几种命令的使用。

二、任务描述

公司已完成了对内部局域网硬件的连接及配置，最后需要对网络进行连通性测试，如果局域网的机器之间通过连通性测试，说明布网成功。

两台客户端之间连通的测试结果如图 2-28 所示。

图 2-28　两台计算机之间连通性测试结果

三、任务实现

（一）预备知识

网络构建完成后，需要对网络的连通性进行测试分析，常用的几个命令包括 ping 命令、ipconfig 命令、tracert 命令、arp 命令，熟练地使用它们，可以快速、准确地确定网络的故障点，排除故障。

（二）ping 命令

ping 命令用来测试计算机之间的连接，格式如下：ping [参数] [IP 地址]。

（1）点击"开始"→"运行"，弹出"运行"对话框，在文本框内输入"cmd"，如图 2-29 所示。

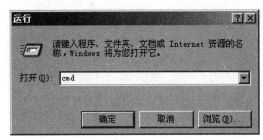

图 2-29　"运行"对话框

（2）点击"确定"按钮，打开命令行界面，输入"ping 127.0.0.1"，该 ping 命令被回送到本地计算机的 IP 软件，测试本机 TCP/IP 协议安装配置是否正确。按回车键，执行该命令，如图 2-30 所示。

图 2-30　测试本机 TCP/IP 协议安装配置

默认情况下，Windows 上运行的 ping 命令发送 4 个 ICMP 回送请求，每个请求为 32 字节数据。正常的情况下，会得到 4 个回送应答："Reply from 127.0.0.1:bytes=32 time<1ms TTL=128"。如果不正常，则得到 4 个超时信息。

（3）输入"ping 192.158.0.1"，该 ping 命令被送到用户计算机所配置的 IP 地址，测试本机的 IP 地址配置是否存在问题。按回车键，执行该命令，如图 2-31 所示。

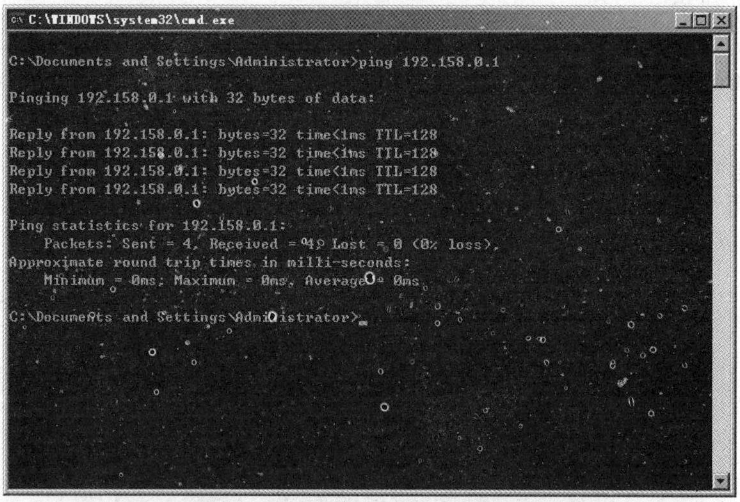

图 2-31   测试本机的 IP 地址配置

用户计算机对该命令作出应答，表明本机的 IP 地址配置不存在问题。如果无应答，局域网用户需断开网线，重新发送该命令。如果断开网线后本命令正确，说明网内另一台计算机可能配置了相同的 IP 地址。

（4）输入"ping 192.158.0.3"，该 ping 命令经过网卡及传输介质到达网内的其他计算机，然后再返回，测试本地计算机和对方计算机及局域网是否工作正常。按回车键，执行该命令，如图 2-32 所示。

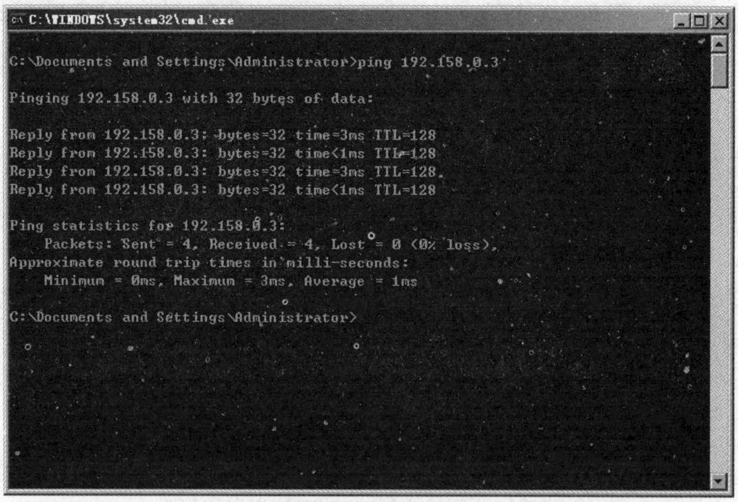

图 2-32   本机与网内其他计算机连通正常的情况

收回应答，表明本局域网运行正常。否则，则会收到 0 个回送应答："Request timed out"，如图 2-33 所示。

图 2-33 本机与网内其他计算机连通不正常的情况

造成这种原因，有以下几种可能：

1）对方机器没有运行 IP 协议。

2）对方计算机上安装了防火墙软件，启用了禁止 ping 入/出。

3）局域网运行不正常。

（三）ipconfig 命令

ipconfig 命令用于查看当前计算机的 TCP/IP 配置，格式如下：ipconfig [参数]。

（1）打开命令行界面，输入 "ipconfig -all"，按回车键，结果如图 2-34 所示。

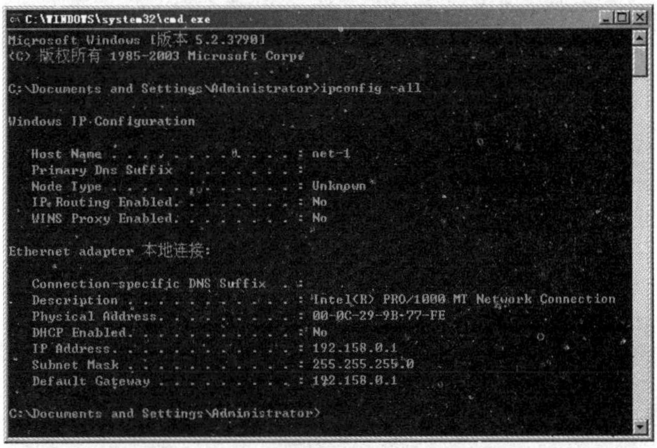

图 2-34 ipconfig 命令运行结果

通过该命令，可了解当前计算机的配置参数：

主机名称：net-1

物理地址：00-0C-29-9B-77-FE

IP 地址：192.158.0.1

子网掩码：255.255.255.0

默认网关：192.158.0.1

（2）在客户端通过 DHCP 服务动态获取 IP 的情况下，还可以使用参数 "-renew"
"-release"。

-renew：重新请求新的网络参数。

-release：释放全部网络参数。

（四）tracert 命令

如果在路由传递的途中出现问题，而无法连往某些主机。要找出网络断线的地方，可以使用 tracert 命令。tracert 命令用来检查到达目标 IP 地址的路径并记录结果。tracert 命令显示用于将数据包从计算机传递到目标位置的一组路由器的 IP 地址，以及每个跃点所需的时间。格式如下：tracert [参数] [target_name]，其中 target_name 表示目标主机的名称或 IP 地址。

打开命令行界面，输入"tracert www.163.com"，查看本地计算机是通过何种路径访问到网易主页，按回车键，结果如图 2-35 所示。

图 2-35　tracert 命令运行结果

（五）arp 命令

arp 命令显示和修改 IP 地址和 MAC 地址的对照表。格式如下：arp [参数]。

打开命令行界面，输入"arp -a"，用于显示所有接口的当前 ARP 缓存表，按回车键，结果如图 2-36 所示。

图 2-36　arp 命令运行结果

任务 4　资源共享设置与访问

一、任务目的

1. 了解局域网中实现资源共享的重要意义及方法。
2. 掌握局域网中利用 Windows Server 2008 系统设置共享的操作。

二、任务描述

企业内部局域网设置成功后，就可以实现对公司文件等资源的共享了，现公司准备在局域网中利用安装有 Windows Server 2008 系统的计算机共享一个叫做"soft"的文件夹，来让员工下载公司的一些办公用软件。请为企业设置该命名为"soft"的共享文件夹。

最终资源共享设置成功的测试结果如图 2-37 所示。

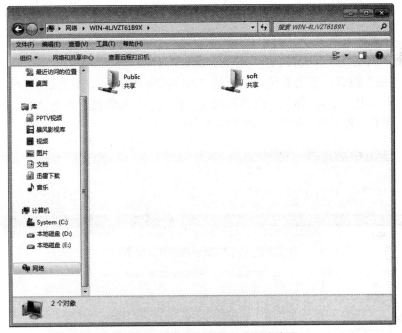

图 2-37　资源共享设置成功测试结果

三、任务实现

（一）预备知识

在公司局域网中，公司一般会对常用的软件资源进行共享，因此对软件资源进行共享是局域网中实现资源共享最常见的操作。

在局域网中对指定计算机的资源进行共享设置以及访问，涉及到以下几个概念：计算机名、工作组以及用户账户，下面进行简要介绍。

计算机名，顾名思义就是计算机的名字。在局域网中，通过网上邻居访问计算机，需要根据网络中不同的计算机名来识别不同的计算机，因此每个计算机名都是唯一的，不能有重复。

　　工作组，是最常用的资源管理模式。比如，在一个网络内，可能有上百台电脑，如果这些电脑不进行分组，都列在"网上邻居"中，电脑无规则的排列会对我们访问资源带来不方便。为了解决这一问题，Windows 98 操作系统之后就引入了"工作组"这个概念，将不同的电脑按功能分别列入不同的组中，比如在一个小型企业局域网中，市场部的电脑都列入"市场部"工作组中，技术部的电脑都列入"技术部"工作组中。你要访问某个部门的资源，就在"网上邻居"里找到那个部门的工作组名，双击就可以看到该部门的计算机了，然后根据不同的计算机名来访问特定的计算机。

　　通过工作组进行分类，使得我们访问资源更加具有层次性。

　　当我们利用工作组以及计算机名，找到实现共享资源的计算机后，如果此时登录该计算机，一般会收到该计算机需要用户名和密码的提示，即需要有关用户账户的信息。

　　用户账户简单来说是为了区分不同的用户，设置的不同用户名及密码。

　　局域网中的其他计算机访问拥有共享资源的计算机，一般可用两种方式登录：Guest 用户登录访问和以 Windows 身份验证方式登录访问（也就是输入账号和密码）。这里介绍的是以 Windows 身份验证方式登录访问。

　　（二）共享文件夹设置

　　（1）启用"网络发现和文件共享"设置。点击"开始"→"计算机"，点击左边窗口的"网络"，显示"网络"窗口，点击蓝色背景区域"网络发现和文件共享已关闭。网络计算机和设备不可见。点击以更改…"，弹出"网络发现和文件共享"对话框，选择"是，启用所有公用网络的网络发现和文件共享"选项，如图 2-38 所示。

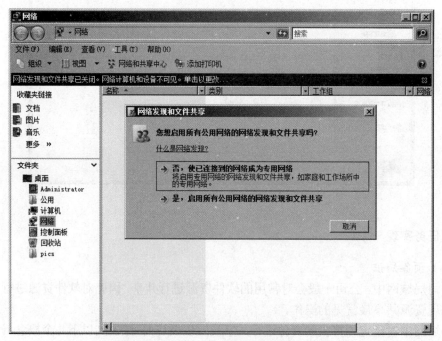

图 2-38　启用"网络发现和文件共享"设置

　　（2）点击"开始"→"控制面板"，选择"网络和 Internet"，点击"网络和共享中心"，弹出"网络和共享中心"窗口。默认情况下，"文件共享"等选项是关闭的，如图 2-39 所示。

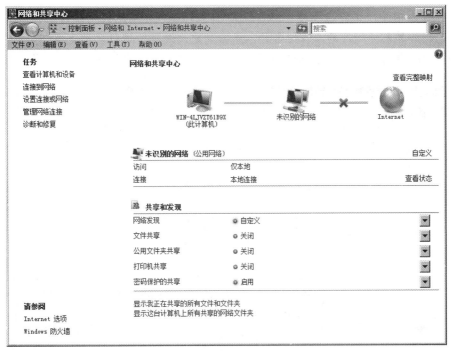

图 2-39　"网络和共享中心"界面

（3）点击"文件共享"选项右边的下三角图标，展开对"文件共享"选项的设置，选择单选按钮"启用文件共享（S）"，启用文件共享，如图 2-40 所示。

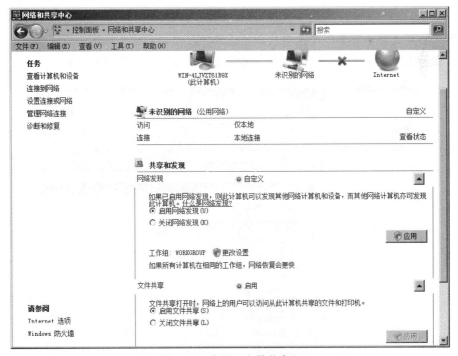

图 2-40　启用"文件共享"

注意：图 2-40 中"工作组"为 workgroup，如果局域网中有好几个工作组的话，也需要修改一下自己的计算机要加入的工作组名称，点击"更改设置"进行名称更换。

（4）用相同的操作，启用"公用文件夹共享""打印机共享"等选项，如图 2-41 所示。

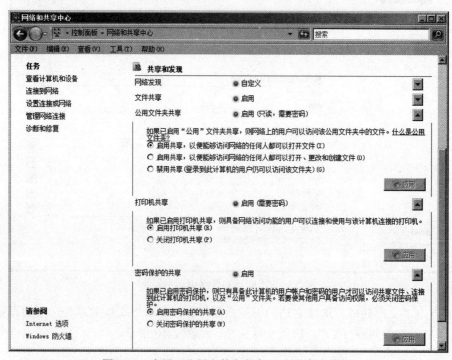

图 2-41　启用"公用文件夹共享""打印机共享"

说明："公用文件夹共享"下面有三个单选按钮，以定义对文件访问的权限。

（5）选择共享文件夹"soft"，点击右键选择"共享"，如图 2-42 所示。

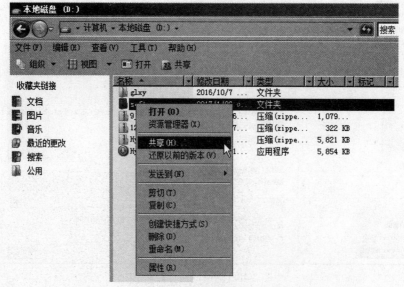

图 2-42　设置共享文件夹 soft

（6）弹出"文件共享"对话框，如图2-43所示，下面根据实际情况，对共享用户进行设置。

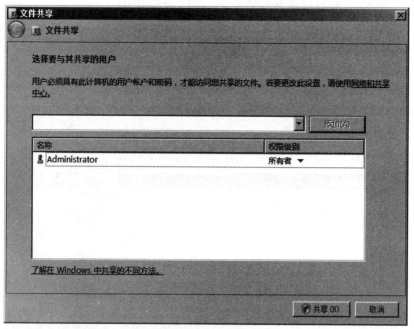

图 2-43　"文件共享"界面

（7）这里选择要与其共享的用户是 Administrator，因此点击下拉列表框，选择"Administrator"，点击"添加"按钮，如图2-44所示。

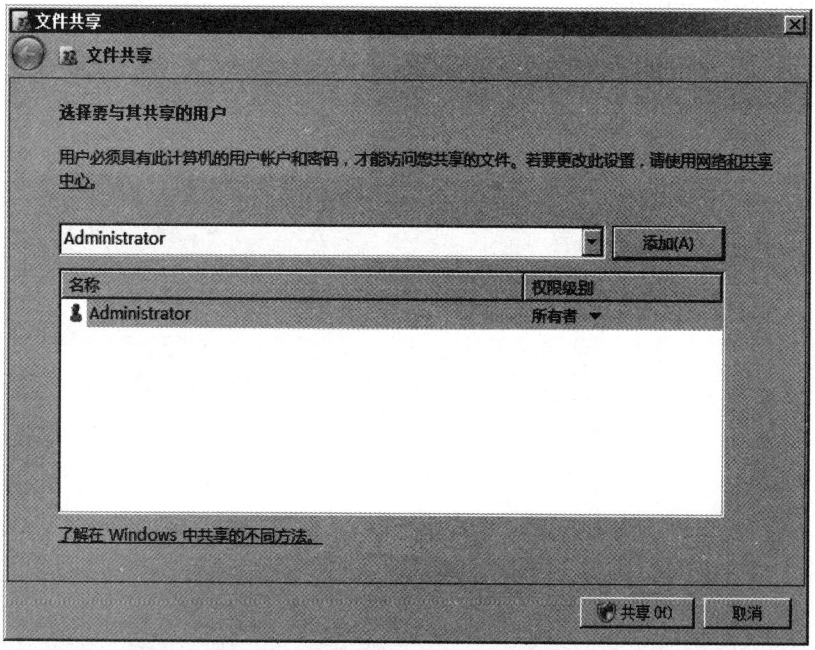

图 2-44　选择与其共享的用户

说明：这里可以"添加"或"创建"新的用户，供工作组内的计算机访问。

（8）选中"Administrator"，设置权限级别。这里一共有三种选择：读者、参与者、共有者。这里选择"读者"，即只能读取共享文件，如图 2-45 所示。

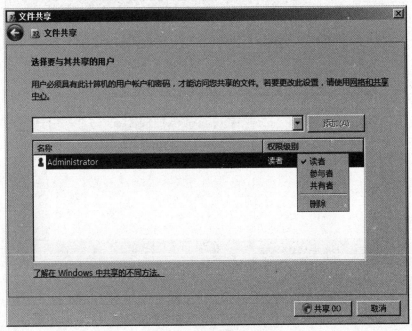

图 2-45　设置权限级别

（9）点击"共享"按钮，弹出"文件共享"对话框，显示"您的文件夹已共享"，点击"完成"按钮，如图 2-46 所示。

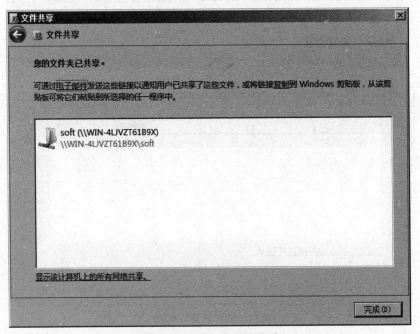

图 2-46　文件共享设置成功

（三）其他计算机的访问设置

（1）对局域网中的其他计算机启用"网络发现和文件共享"设置，操作和共享文件夹设置的第一步相似，然后进入"网络"窗口，可以看见局域网中的其他计算机，如图2-47所示。

图2-47　"网络"界面

（2）选中已实现共享的那台计算机，双击登录，弹出"Windows 安全"对话框，输入该计算机的用户名及对应密码，如图2-48所示。

图2-48　"Windows 安全"对话框

说明：这里的用户名"Administrator"是共享文件的计算机（计算机名是：WIN-4LJVZT61B9X）的管理员名称，访问密码是管理员设置的密码。

（3）点击"确定"按钮，进入共享计算机，可见共享文件夹"soft"，如图2-49所示。

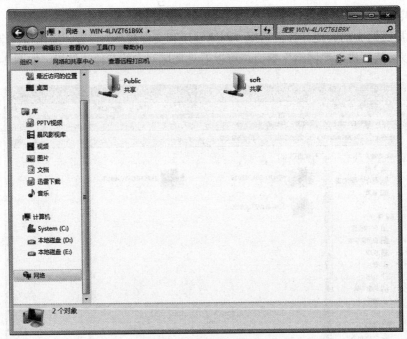

图 2-49　访问共享文件夹 soft

注意： 工作组内不同的用户或其他工作组的用户，可根据需要分别设置不同的访问权限。详细访问安全设置参见项目九"电子商务网络安全的维护"和有关内容。

2.5　拓展任务

拓展任务 1　实现双机互连

双机互连是采用网络设备（网卡）和网络传输介质（交叉线）将两台计算机直接连接，且两台机器的 IP 都设置为同一网段。

实现要求：实现使用双绞线连接两台计算机并测试连通性。

拓展任务 2　校园宿舍局域网组建

随着电脑硬件价格的不断下降，很多学生族都有了自己的电脑。怎样使同一个宿舍和相邻宿舍的计算机更好地为学生自己服务？答案很明显：把这些计算机连接起来，构建小型的对等局域网。如果每人使用不同的操作系统如 Windows XP、Windows 2000、Windows 7、Linux，怎样使每台电脑都能使用共享的文件和打印机共享？

实现要求：

1. 仅配置 NetBEUI 协议，使双绞线连接起来的多台计算机构成一个宿舍小型局域网，试写出具体实现的步骤。

2. 宿舍内的计算机安装的操作系统版本不同（包括了 Windows Server 2008、Windows 7 以及 Linux 操作系统），实现使用双绞线连接宿舍内的多台计算机，使其构成一个宿舍小型局域网。

3．宿舍小型局域网构建成功后，如何实现共享一台打印机。

拓展任务 3　使用内部通信软件进行沟通交流

如果要实现员工之间的即时信息互通，常借助第三方通信软件或工具如 NetMeeting、）和 Active Messenger 等。

NetMeeting 是 Windows 系统自带的网上聊天软件，意为"网上会面"。NetMeeting 除了能够发送文字信息聊天之外，还可以配置麦克风、摄像头等仪器，进行语音、视频聊天。

IP Messenger（飞鸽传书）：一个局域网通信软件，支持局域网间发信息，传送文件、文件夹、多文件（或文件夹），速度非常快。有了它，局域网间传送文件不必再共享来共享去的了。基于 TCP/IP（UDP），可运行于多种操作平台（Win/Mac/UNIX/Linux），并实现跨平台信息交流。

Active Messenger（恒创企业信使）是一款专为企业定制的即时消息系统，其目标是解决企业的沟通及协同问题，提高工作效率。企业员工可以利用 Active Messenger 随时随地的进行即时交流、传送文件。

实现要求：在搭建好局域网后，将某一通信工具安装在计算机中，试写出实现信息传递和文件共享、传输等功能的配置步骤。

项目三　网络操作系统的安装与配置

3.1　项目情景

目前，正处于一个信息时代，网络是获得信息的重要途径，而 Windows 的普及使计算机也不再只是为技术人员使用，很多公司及企业也都愿意建立一个基于企业内部的信息管理和应用的网络系统，并提供相应的各种服务，企业 A 就是其中之一。

企业 A 拥有员工约 100 名，此外还有一名总经理和五名部门经理。为了便于企业有关人员之间的交流，方便资源共享，提高工作效率，企业准备在内部的局域网中进行服务器的搭建，而网络操作系统的选择及安装是构建服务器的前提，也是作为网络管理员必备的技能之一。

企业计划选择 Windows Server 2008 或 Linux 作为用于构建服务器的网络操作系统，请为企业安装该系统。

3.2　项目分析

一个典型的企业局域网络必须包含服务器及工作站（客户端），如图 3-1 所示。

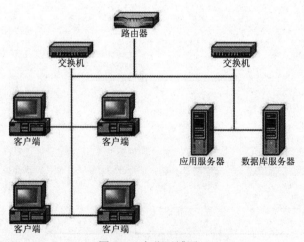

图 3-1　企业局域网

其中，服务器主要用于后台服务、网站后台、邮件服务器、文件服务器等自动运行的系统。因此，对于运行于其上的网络操作系统的安装和配置至关重要，本项目重点介绍对于 Windows Server 2008 以及 Linux 系统的安装。

对于 Windows Server 2008 的安装需要注意以下几个方面的操作：

1. 磁盘的分区

全新磁盘不能直接使用，必须对硬盘进行分区，而且对磁盘分区具有便于磁盘的规划、文件的管理，有利于病毒的防治和数据的安全，便于为不同的用户分配不同的权限等优点。

2. 磁盘的格式化

格式化是指对磁盘或磁盘中的分区（partition）进行初始化的一种操作。可以将分区后的磁盘空间按指定的文件系统格式划分存储单元。

3.3 知识准备

网络操作系统是网络系统软件中的核心部分，负责管理网络中的软硬件资源，其功能的强弱与网络的性能密切相关。

这里我们主要介绍以下两类常用的网络操作系统。

一、Windows 操作系统

Windows 操作系统由全球最大的软件开发商 Microsoft（微软）公司开发。

Windows 系统不仅在个人操作系统中占有绝对优势，它在网络操作系统中也是具有非常强劲的力量。这类操作系统配置在整个局域网配置中是最常见的。在低阶和中阶服务器上使用较多，并且支持网页服务的数据库服务等一些功能。微软的网络操作系统主要有：Windows NT 4.0 Server、Windows 2000 Server/Advance Server、Windows 2003 Server/Advance Server、Windows Server 2008、Windows Server 2012、Windows Server 10、Windows Server 2016 等，工作站系统可以采用任一 Windows 或非 Windows 操作系统，包括个人操作系统，如 Windows 9x/Me/XP、Windows 7、Windows 8、Windows 10 等。

二、Linux 操作系统

Linux 是一套免费使用和自由传播的类 UNIX 操作系统，是一个基于 POSIX 和 UNIX 的多用户、多任务、支持多线程和多 CPU 的操作系统；它能运行主要的 UNIX 工具软件、应用程序和网络协议；它支持 32 位和 64 位硬件。

Linux 继承了 UNIX 以网络为核心的设计思想，是一个性能稳定的多用户网络操作系统。它主要用于基于 Intel x86 系列 CPU 的计算机上。Linux 系统是由全世界各地的成千上万的程序员共同设计和实现的。它的最大的特点就是源代码开放，可以免费得到许多应用程序。

目前有中文版本的 Linux，如 Red Hat（红帽）、红旗 Linux 等。这类操作系统主要应用于中、高档服务器中。

总的来说，对特定计算机环境的支持使得每一个操作系统都有适合于自己的工作场合。因此，对于不同的网络应用，需要我们有目的地选择合适的网络操作系统。

3.4 任务分解

任务 1 虚拟机的使用

一、任务目的

1. 了解虚拟机的基本原理。

2. 掌握在 VMware Workstation 上新建虚拟机。

二、任务描述

现有已安装了 Windows 7 操作系统的计算机一台，要求在该操作系统下，利用 VMware Workstations 虚拟出一台计算机，以进行 Windows Server 2008 系统的安装、使用及测试。

虚拟机最终构建成功的测试结果如图 3-2 所示。

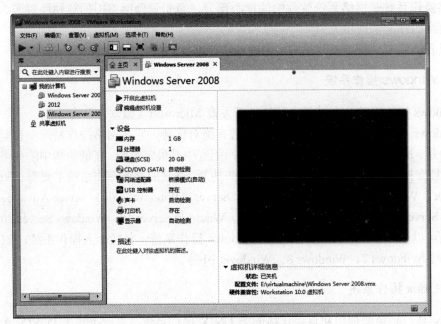

图 3-2　虚拟机构建成功测试结果

三、任务实现

（一）预备知识

虚拟机（Virtual Machine）指通过软件模拟的具有完整硬件系统功能的、运行在一个完全隔离环境中的完整计算机系统。

虚拟机的行为完全类似于一台物理计算机，它包含自己的虚拟（即基于软件实现的）CPU、RAM 硬盘和网络接口卡（NIC）。

目前流行的虚拟机软件有 VMware、Virtual Box 和 Virtual PC，它们都能在 Windows 系统上虚拟出多个计算机。本任务使用的虚拟机软件为 VMware。

（二）虚拟机的新建及设置

（1）运行 VMware Workstation，点击"创建新的虚拟机"，如图 3-3 所示。

（2）弹出"新建虚拟机向导"对话框，在"您希望使用什么类型的配置"选项区域内选择"自定义（高级）"单选按钮，如图 3-4 所示。

（3）点击"下一步"按钮，弹出"选择虚拟机硬件兼容性"对话框，选择虚拟机的硬件格式，可以在"硬件兼容性"下拉列表框中从 Workstation 10.0、Workstation 9.0、Workstation 8.0 等中间进行选择，这里保持默认选择"Workstation 10.0"不变，如图 3-5 所示。

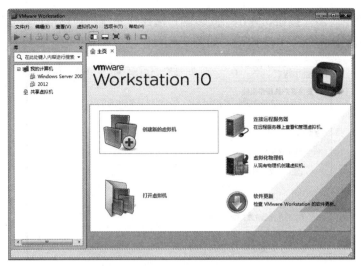

图 3-3　新建虚拟机

图 3-4　虚拟机创建向导

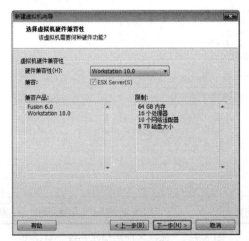

图 3-5　"选择虚似机硬件兼容性"对话框

（4）点击"下一步"按钮，弹出"安装客户端操作系统"对话框，设置系统的安装方式，选择"稍后安装操作系统."单选按钮，如图 3-6 所示。

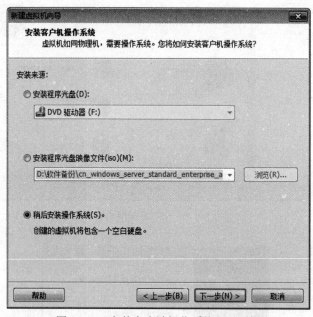

图 3-6   "安装客户端操作系统"对话框

（5）点击"下一步"按钮，弹出"选择客户端操作系统"对话框，选择要创建的虚拟机系统及版本，在"客户端操作系统"处选择"Microsoft Windows"单选按钮，在"版本"下拉列表框选中"Windows Server 2008"，如图 3-7 所示。

图 3-7   "选择客户端操作系统"对话框

（6）点击"下一步"按钮，弹出"命名虚拟机"对话框，为新建的虚拟机命名并且选择它的保存路径，如图3-8所示。

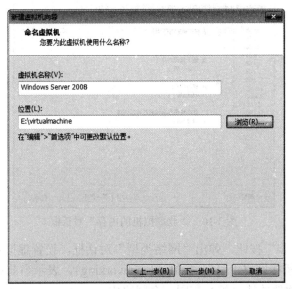

图3-8 "命名虚拟机"对话框

（7）点击"下一步"按钮，弹出"处理器配置"对话框，在处理器选项区域中选择虚拟机中处理器的数量及每个处理器的核心数量。这里保持默认设置，如图3-9所示。

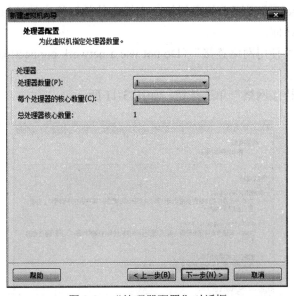

图3-9 "处理器配置"对话框

（8）点击"下一步"按钮，弹出"此虚拟机的内存"对话框，设置虚拟机使用的内存，通常情况下，对于Windows 98及其以下的系统，可以设置64MB；对于Windows 2000/XP，最少可以设置96MB；对于Windows 2003 Server，最低为128MB；对于Windows Server 2008，最低为512MB。这里设置内存为1024MB，如图3-10所示。

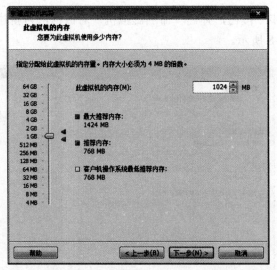

图 3-10　"此虚拟机的内存"对话框

（9）点击"下一步"按钮，弹出"网络类型"对话框，设置虚拟机网卡的"联网类型"。若选择第一项"使用桥接网络"（Use bridged networking），表示当前虚拟机与主机（指运行 VMware Workstation 软件的计算机）在同一个网络中。

若选择第二项"使用网络地址转换（NAT）"（Use network address translation），表示虚拟机通过主机单向访问主机及主机之外的网络，主机之外的网络中的计算机，不能访问该虚拟机。

若选择第三项"使用仅主机模式网络"（Use host-only networking），表示虚拟机只能访问主机及所有使用 VMnet1 虚拟网卡的虚拟机。主机之外的网络中的计算机不能访问该虚拟机，也不能被该虚拟机所访问。

若选择第四项"不使用网络连接"（Do not use a network connection），表明该虚拟机与主机没有网络连接。

这里选择"使用桥接网络"单选按钮，如图 3-11 所示。

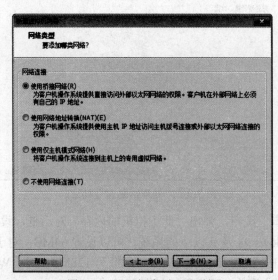

图 3-11　"网络类型"对话框

（10）点击"下一步"按钮，弹出"选择 I/O 控制器类型"对话框，进行虚拟机的SCSI控制器的型号的设置，选择默认值即可，如图 3-12 所示。

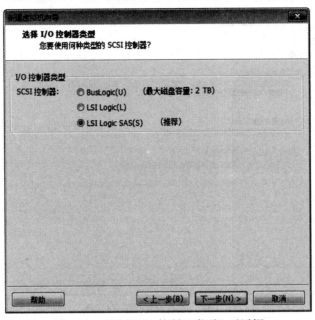

图 3-12 "选择 I/O 控制器类型"对话框

（11）点击"下一步"按钮，弹出"选择磁盘类型"对话框，选择创建的虚拟磁盘的类型，这里选择默认值即可，如图 3-13 所示。

图 3-13 "选择磁盘类型"对话框

（12）点击"下一步"按钮，弹出"选择磁盘"对话框，设置虚拟机的硬盘。在"磁盘"

选项区域有三个选项，这里选择"创建新虚拟磁盘"，如图 3-14 所示。

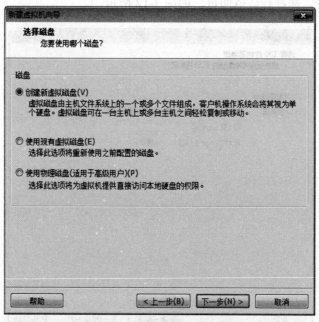

图 3-14 "选择磁盘"对话框

（13）点击"下一步"按钮，弹出"指定磁盘容量"对话框，设置虚拟磁盘大小。在"最大磁盘大小（GB）"输入"20"，表示磁盘空间为 20GB，如图 3-15 所示。

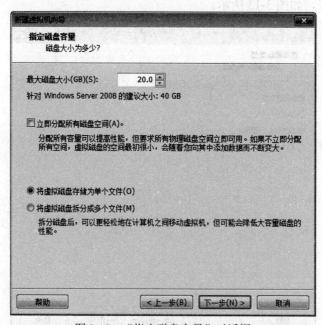

图 3-15 "指定磁盘容量"对话框

（14）点击"下一步"按钮，弹出"指定磁盘文件"对话框，在"磁盘文件"选项区域内设置虚拟磁盘文件名字及保存路径，这里使用默认选择，如图 3-16 所示。

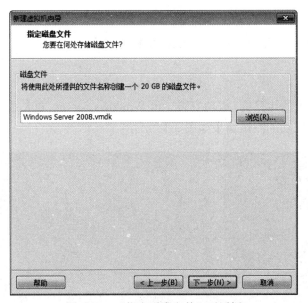

图 3-16　"指定磁盘文件"对话框

（15）点击"下一步"按钮，弹出"已准备好创建虚拟机"对话框，这里列出了要创建的虚拟机的信息，如图 3-17 所示。

图 3-17　"已准备好创建虚拟机"对话框

（16）点击"完成"按钮，完成虚拟机（Windows Server 2008）的新建操作，如图 3-2 所示。

任务 2　Windows Server 2008 操作系统的安装

一、任务目的

1. 了解 Windows Server 2008 的基本原理。

2．掌握对硬盘的分区及格式化的方法。

3．掌握使用虚拟机安装 Windows Server 2008 的方法。

二、任务描述

利用任务 1 虚拟出的计算机，成功安装一台 Windows Server 2008 系统的物理机。Windows Server 2008 最终安装成功的测试结果如图 3-18 所示。

图 3-18　成功安装

三、任务实现

（一）预备知识

Windows Server 2008 是微软的一个服务器操作系统，它继承了 Windows 2003 Server，是一个多任务的操作系统，可以根据企业对网络的需要，担当各种服务器角色，包括 Web 服务器、FTP 服务器、邮件服务器、DNS 服务器和 DHCP 服务器等。

全新的硬盘不能直接使用，必须对硬盘进行分割，分割成的一块一块的硬盘区域就是磁盘分区。在传统的磁盘管理中，将一个硬盘分为两大类分区：主分区和扩展分区。主分区是能够安装操作系统、能够进行计算机启动的分区，这样的分区可以直接格式化，然后安装系统，直接存放文件。扩展分区不能直接使用，它必须经过第二次分割成为一个一个的逻辑分区，然后才可以使用。

磁盘分区后，必须经过格式化才能够正式使用，格式化后常见的磁盘格式有：FAT（FAT16）、FAT32、NTFS、ext2、ext3 等。支持 NTFS 这种分区格式的操作系统已经很多，从 Windows NT 和 Windows 2000 直至 Windows Vista 及 Windows 7、Windows 8。

（二）系统安装

（1）运行 VMware Workstation，点击"编辑虚拟机设置"，弹出"虚拟机设置"对话框，如图 3-19 所示。

图 3-19 "虚拟机设置"对话框

（2）点击"硬件"选项卡，选择"CD/DVD（SATA）"，在"连接"选择区域选择"使用 ISO 映像文件（M）"，选择使用 ISO 镜像文件，点击"浏览"按钮，选择 Windows Server 2008 系统的 ISO 镜像文件，如图 3-20 所示。

图 3-20 设置 ISO 镜像文件

（3）点击"确定"按钮，回到"Windows Server 2008"虚拟机页面，点击"开启此虚拟机"，进入"Windows Server 2008"程序安装页面，如图 3-21 所示。

图 3-21　Windows Server 2008 程序安装

（4）选择好语言及其他，点击"下一步"按钮，进入"安装 Windows"页面，如图 3-22 所示。

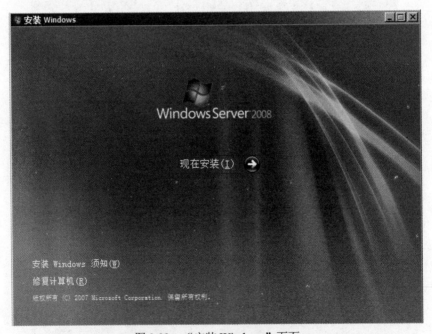

图 3-22　"安装 Windows"页面

（5）点击"现在安装"按钮，进入"选择要安装的操作系统"页面，选择你要安装的系统版本，这里选择企业版（Windows Server 2008 Enterprise），如图 3-23 所示。

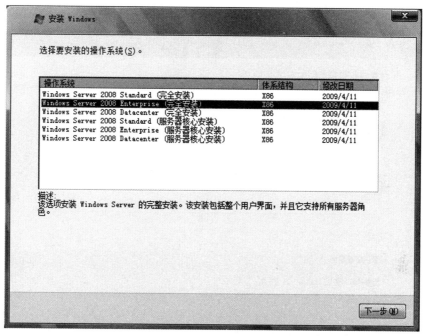

图 3-23 选择要安装的操作系统

（6）点击"下一步"按钮，进入"请阅读许可条款"页面，选中复选框"我接受许可条款"，如图 3-24 所示。

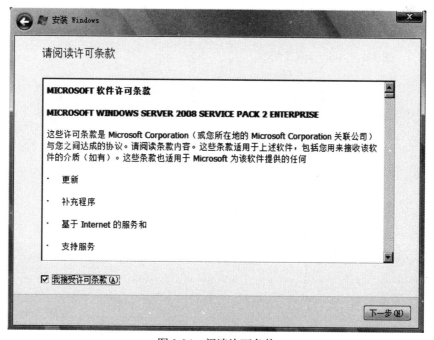

图 3-24 阅读许可条款

（7）点击"下一步"按钮，这里是对安装方式的选择，如果从低版本升级到 2008 的话，可以选择"升级"，其他情况选择"自定义（高级）"，这里我们选择"自定义（高级）"，如图 3-25 所示。

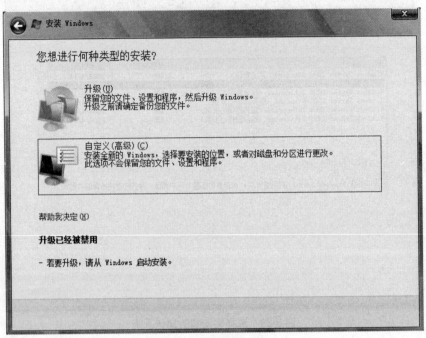

图 3-25　自定义（高级）

（8）这里需要对磁盘进行分区及格式化，如图 3-26 所示。

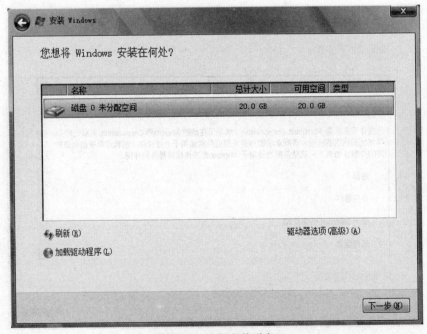

图 3-26　选择安装磁盘

（9）选择"驱动器选项（高级）"之后，点击"新建"按钮，首先设置的是系统分区，这里我们设置"12480MB"，如图 3-27 所示。

图 3-27　新建磁盘

（10）点击"应用"按钮，计算机会创建一个主分区，对于剩下的磁盘空间可以根据实际剩余的可用空间创建其他分区，如图 3-28 所示。

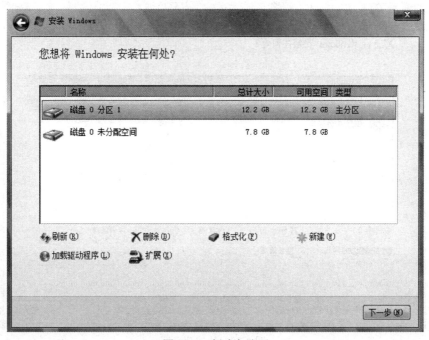

图 3-28　创建主分区

（11）选中"磁盘 0 未分配空间"，点击"新建"按钮，再创建一个分区，如图 3-29 所示。

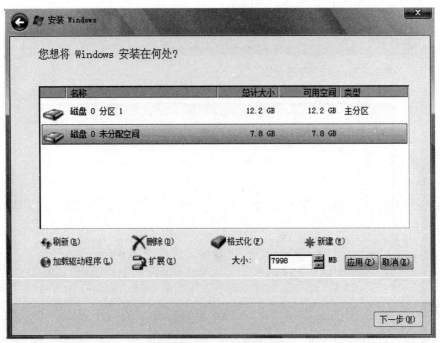

图 3-29　创建一个新分区

（12）点击"应用"按钮，我们就成功新建了两个分区，如图 3-30 所示，选中"磁盘 0 分区 1"或"磁盘 0 分区 2"，点击"格式化"，可以对两个磁盘分区进行格式化操作。

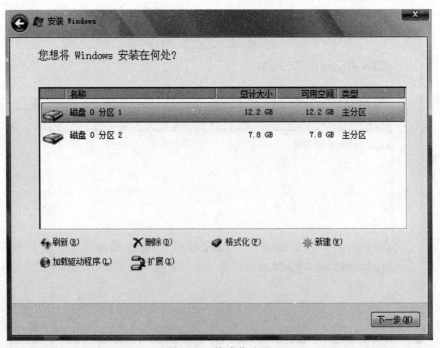

图 3-30　格式化分区

（13）选中"磁盘 0 分区 1"，点击"下一步"按钮，开始进行系统的安装，如图 3-31 所示。

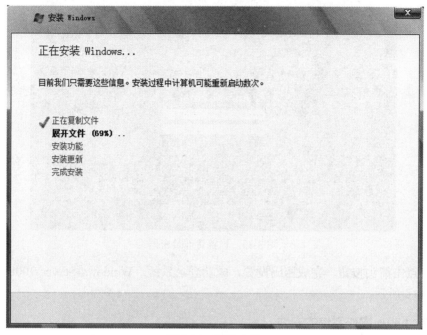

图 3-31　开始安装

（14）安装结束后，提示修改密码，如图 3-32 所示。

图 3-32　修改密码提示

（15）点击"确定"按钮，为用户 Administrator（管理员）设置密码，如图 3-33 所示。

图 3-33　设置管理员密码

（16）点击箭头按钮，完成密码设置，成功登录系统，Windows Server 2008 系统安装成功，如图 3-18 所示。

任务 3　Linux 操作系统的安装

一、任务目的

1．学会网络下载 Linux 映像文件。

2．掌握在 VMware Workstation 上新建虚拟机。

3．学会在虚拟机上安装 Linux 的方法。

二、任务描述

现有计算机一台，已安装了 Windows 2003 Server 操作系统，在保证正常使用该操作系统的情况下，进行 Red Hat Linux 10.0 系统的安装与学习，如何使用虚拟机满足该要求？

三、任务实现

（一）预备知识

安装 Linux 共有五种方法，分别是：光盘、硬盘、NFS 映像、FTP、HTTP。本任务选择虚拟机硬盘映像文件安装，版本是 Red Hat Linux_i3.iso。

Red Hat Linux 9.0 以后 Red Hat 不再出桌面端的发行版了，而是赞助社区在 RH9 基础上开发了 Fedora Core 系列，可以说是 RH9 的延续，最新版本为 Fedora Core 4，下载地址：http://fedora.redhat.com。

1．Red Hat 官方唯一授权产品，百分之百的开放源代码。

2．Red Hat Linux Fedora Core 4（简体中文版）是 Red Hat Linux 个人版的最新版本。

3．最新超强组合，超值套装。

4．Fedora Core 1 是由 Red Hat 和 Fedora 联手共同开发维护的产品，所以 Fedora 也可以看作是 Red Hat Linux 的第二品牌。

注意：最好完整下载，也可以点击这些文件名进行下载：Fedora.core.3.CD1.ISO、Fedora.core.3.CD2.ISO、Fedora.core.3.CD3.ISO、Fedora.core.3.CD4.ISO。

（二）新建虚拟机

将下载好的 Red Hat Linux_i3.1.iso、Red Hat Linux_i3.2.iso 等文件保存到 E 盘。

（1）点击主菜单"File"→"New"→"Virtual Machine"或者直接点击右侧窗口"New Virtual Machine"图标，如图 3-34 所示。

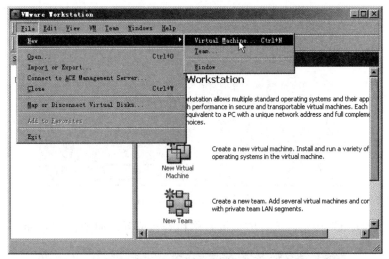

图 3-34　新建虚拟机

（2）选择典型安装或自定义安装，本例选择"Typical"典型安装，如图 3-35 所示。

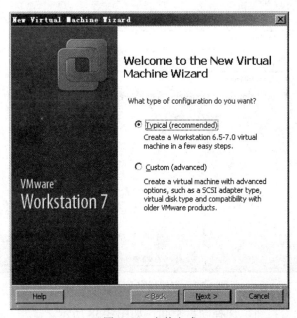

图 3-35　安装方式

（3）点击"Next"按钮，选择映像文件，如图 3-36 所示。

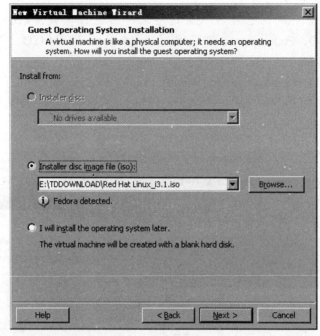

图 3-36　选择映像文件

（4）点击"Next"按钮，选择虚拟机名称和安装位置，如图 3-37 所示。

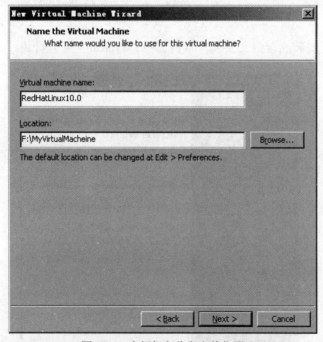

图 3-37　虚拟机名称和安装位置

（5）点击"Next"按钮，选择硬盘空间，如图 3-38 所示。

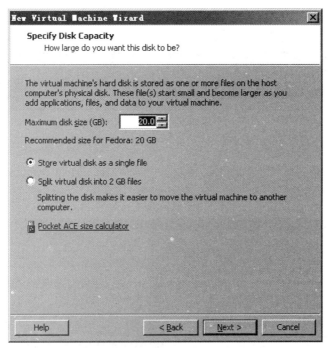

图 3-38　硬盘空间

此步骤更改空间大小，10GB 即够用。然后给出配置基本信息，如图 3-39 所示，点击"Finish"按钮即可。如需了解硬件配置基本信息，可以点击"Customize Hardware..."按钮。

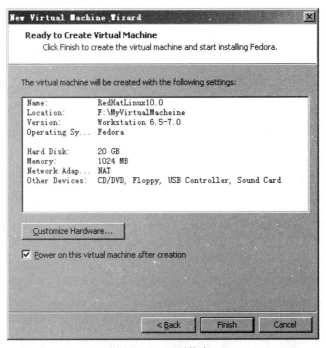

图 3-39　配置信息

如出现问题，如图 3-40 所示的信息，说明需要选择虚拟机名称和版本。

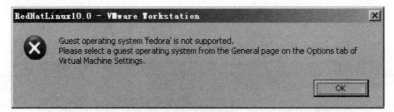

图 3-40　问题窗口

（6）选择虚拟机名称和版本

在虚拟机界面的左侧"Commands"区域，点击"Edit virtual machine settings"链接，进入"虚拟机设置"对话框，按图 3-41 所示要求填写。

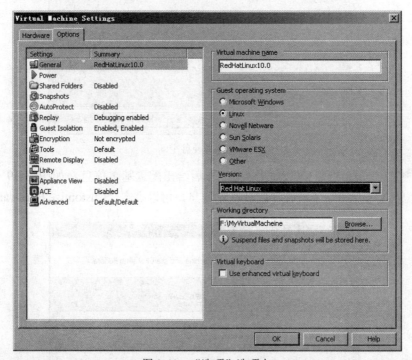

图 3-41　"选项"选项卡

点击"OK"按钮，新建虚拟机和基本配置阶段已完成。

（三）收集信息并安装

（1）点击"Finish"按钮，弹出如图 3-42 所示窗口，选择"Skip"按钮。

接下来，将会出现黑色背景\白色字符界面，这时系统自动监测和配置设备和服务，等待继续即可。

（2）接着，出现如图 3-43 所示窗口，提示有两种安装模式，一个是图形界面模式，一个是字符界面模式。选择图形模式，直接回车即可。

（3）出现如图 3-44 所示的欢迎界面，点击"Next"，在接下来的"选择语言"界面中，选择"简体中文"，在"键盘选择"列表中选择"U.S.English"，点击"下一步"按钮，进行"鼠标选择"，选择模拟 3 键鼠标"3 Button Mouse（PS/2）"，点击"下一步"按钮，选择显示器，可以选择"未探测过的显示器"，如图 3-45 至图 3-48 所示。

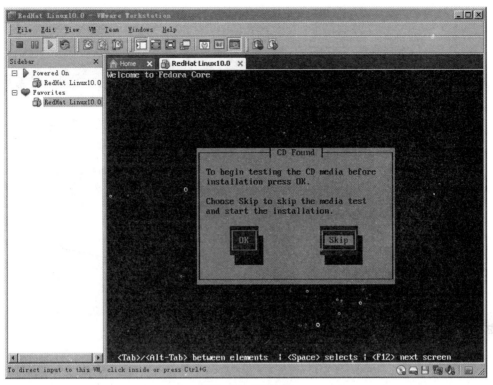

图 3-42　CD 检测

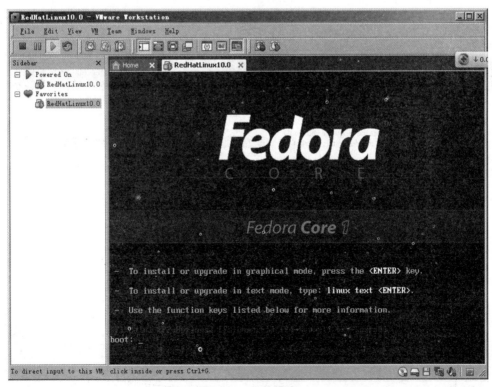

图 3-43　安装模式

图 3-44　欢迎界面

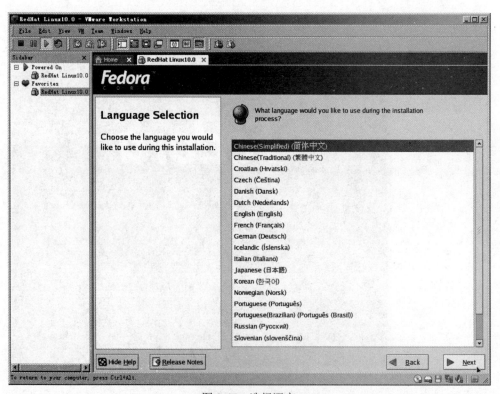

图 3-45　选择语言

图 3-46　选择键盘

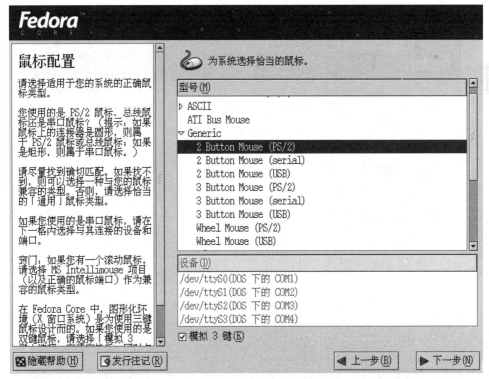

图 3-47　配置鼠标

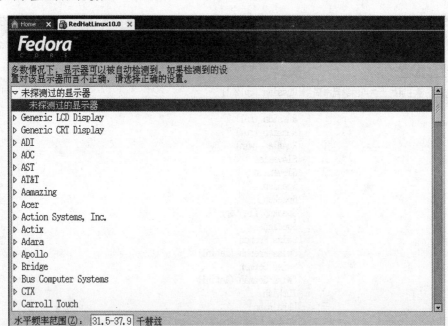

图 3-48　选择显示器

（四）安装类型及服务配置

（1）安装类型，本例选"服务器"安装，如图 3-49 所示。

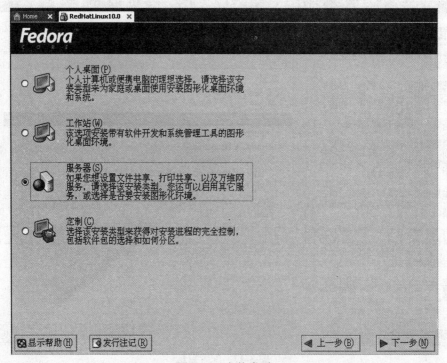

图 3-49　安装类型

（2）分区，选择"自动分区"，如图 3-50 所示。

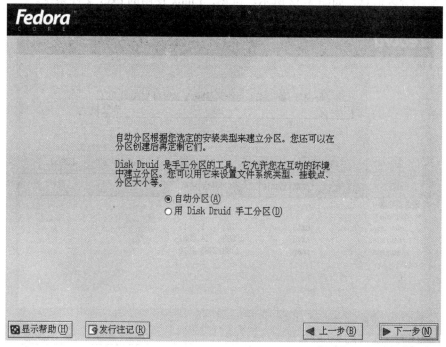

图 3-50 选择分区

点击"下一步"，提示删除分区数据信息，如图 3-51 所示。

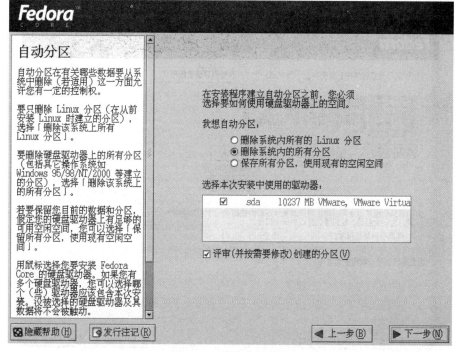

图 3-51 删除分区提示

注意：本步骤会提示"删除系统内所有分区"，因是虚拟机安装，尽管继续即可。

（3）显示分区信息，如图 3-52 所示。可见，Linux 使用的 ext3 文件系统。

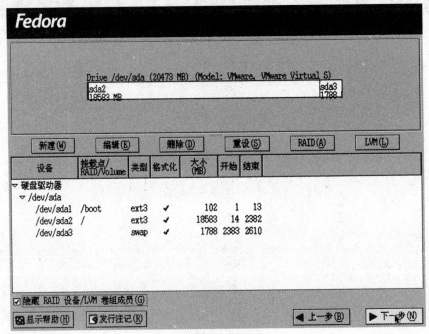

图 3-52　分区信息

（4）点击"下一步"按钮，可以改变引导装载程序，选择"GRUB"。默认引导 Linux，不改变，如图 3-53 所示。

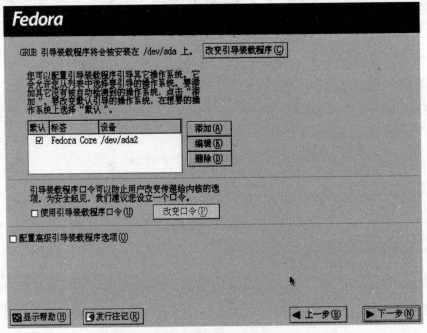

图 3-53　系统引导

（5）点击"下一步"，设置网络设备，本步骤按照图 3-54 所示配置，暂不更改。

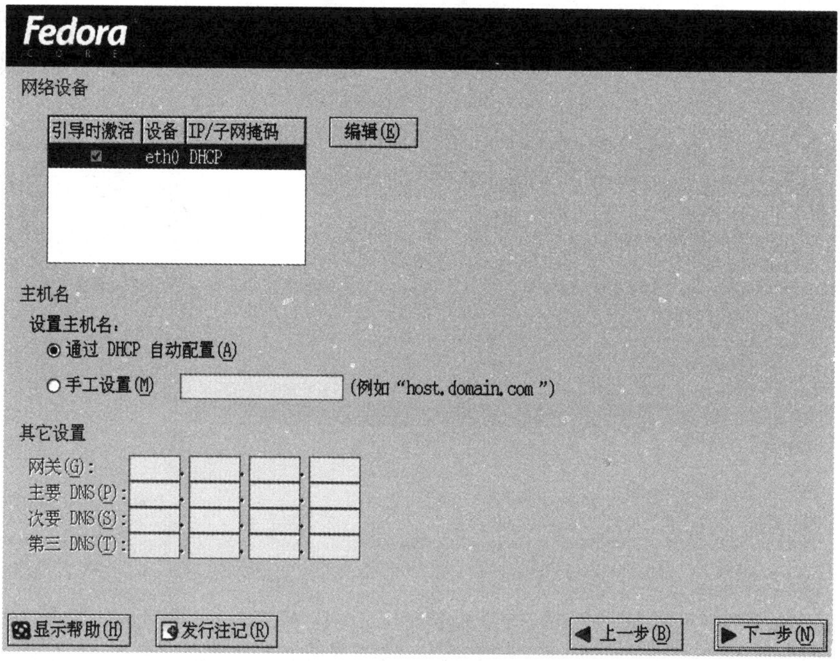

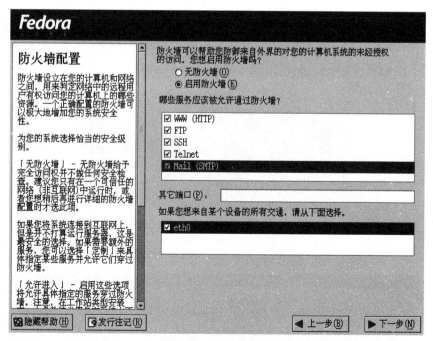

图 3-54 配置网络

（6）点击"下一步"，选择"启用防火墙"，并选中 WWW、FTP、SSH、Telnet 和 Mail 等服务，通过网络设备"eth0"，如图 3-55 所示。

图 3-55 防火墙配置

（7）系统默认语言，选择"English（USA）"，如图3-56所示。

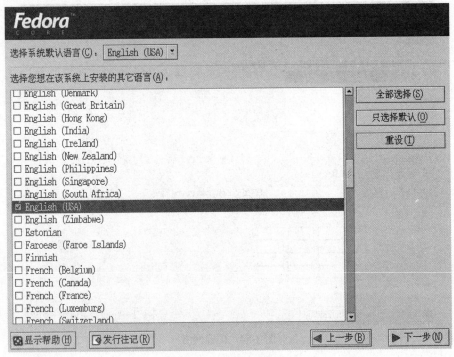

图3-56　系统默认语言

（8）选择时区内最近城市，如图3-57所示。

图3-57　时区

（9）点击"下一步"，输入管理员口令，Linux 管理员账号为"root"，如图 3-58 所示。

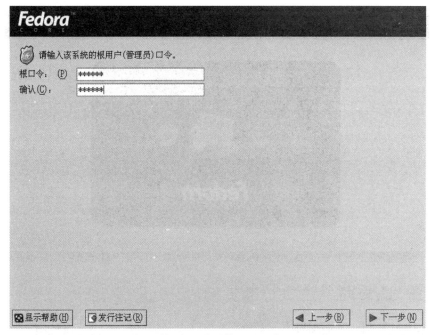

图 3-58　设置管理员口令

（五）选择软件包和添加的服务

（1）选择桌面和应用程序。根据需要可选择"GNOME"或"KDE"桌面，选择文本编辑器"VI"，网络服务选择"DNS""FTP"等等，如图 3-59 所示。

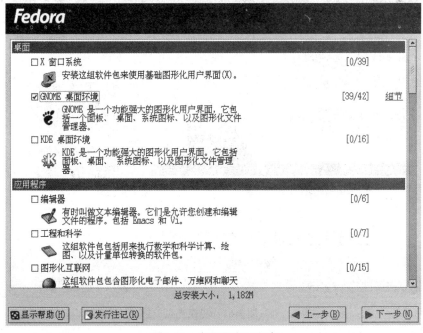

图 3-59　桌面和应用程序

（2）点击"下一步"按钮，系统开始安装添加的软件包，如图 3-60 所示。

图 3-60　安装软件包

（3）安装软件包过程中，会出现"请插入第 2 张光盘后再继续"提示框，如图 3-61 所示。

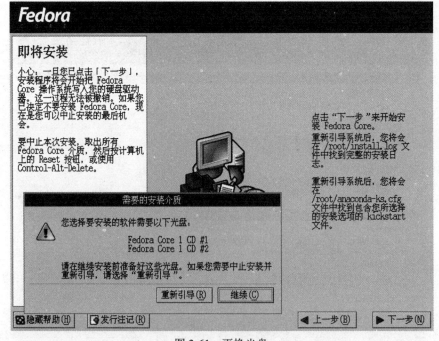

图 3-61　更换光盘

（4）此时，返回到虚拟机主界面，点击"VM"菜单→"Settings"，如图 3-62 所示。

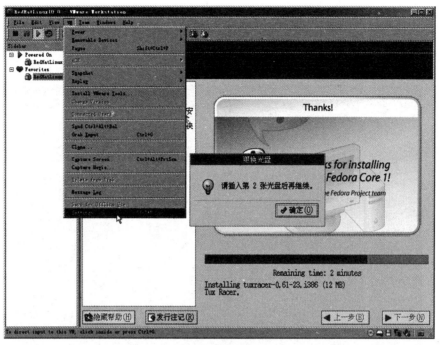

图 3-62　设置窗口

（5）在"Hardware"选项卡中选择"CD/DVD"，在右侧区域"Device status"中勾选"Connected"选项，再在"Use ISO image file"项下点击"Browse…"按钮，选择"Fedora.core.3.CD2.ISO"即第 2 张光盘映像文件，点击"OK"继续安装，如图 3-63 所示。

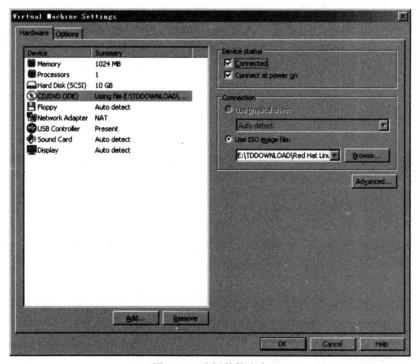

图 3-63　选择其他光盘

（六）系统服务启动与配置检测

（1）软件包安装完毕，系统开始启动过程。首先检测各项服务的加载，成功显示"OK"或"成功"，如图 3-64 所示。

图 3-64 启动过程

（2）添加系统用户，如图 3-65 所示。本例系统用户使用"xs"，系统用户可以添加多个，待成功启动后再做也可以。

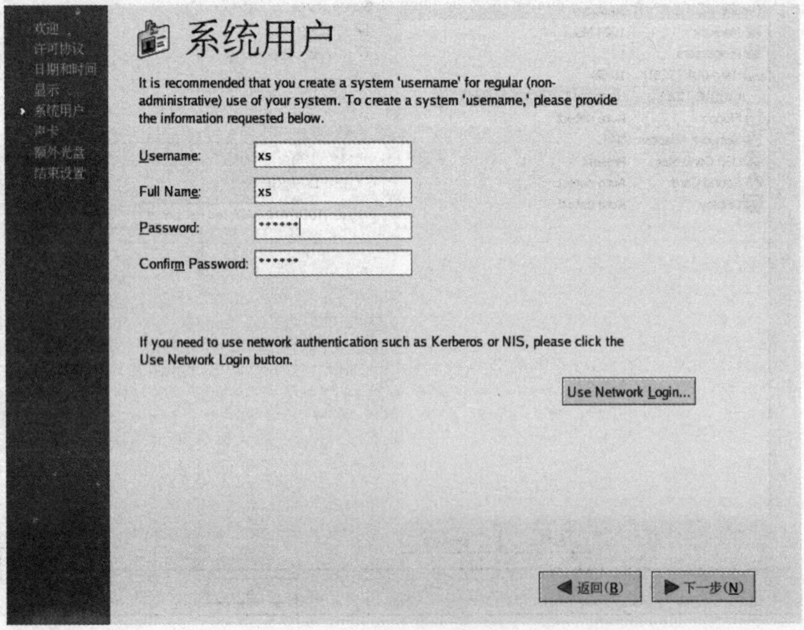

图 3-65 添加系统用户

（3）输入用于初次登录的用户名及密码，本例选择超级管理员用户，即"root"，如图 3-66 所示。

图 3-66　用户名及密码

（4）输入完登录的用户名及密码后，按回车键，即第一次进入 Linux 界面，成功启动后的完整界面如图 3-67 所示。

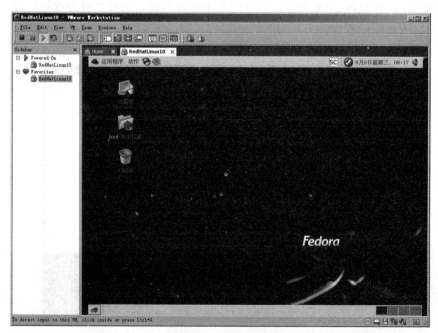

图 3-67　成功登录

任务 4　Linux 常用操作命令

一、任务目的

1. 学会 Linux 的两种登录方式。
2. 学会使用虚拟终端。
3. 掌握 Linux 的字符界面与图形界面的切换。
4. 掌握简单的 Linux 操作命令。

二、任务描述

切换到字符终端，简单使用 Linux 的常见操作命令，如目录与文件管理类、用户管理命令以及网络管理命令等。

三、任务实现

（一）预备知识

Linux 操作系统的使用分为图形窗口模式和字符界面或命令行模式两种。命令行模式简单快捷，可以实现所有的功能，但需要用户记忆很多命令，特别是每个命令又有很多参数选项，只有不断使用才能很好掌握。

1. 进入字符工作方式的三种方法

（1）在图形环境下开启终端窗口。

（2）在系统启动后直接进入。

（3）使用远程登录方式（Telnet 或 SSH）。

第一种方法，参见图 3-68 所示，在桌面点击鼠标右键，选择"打开终端"项，即可开启字符终端窗口或虚拟控制台。

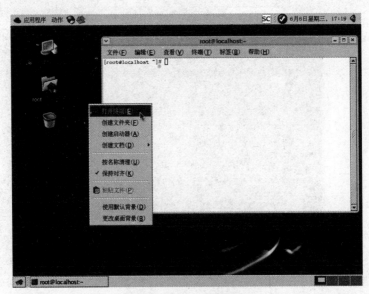

图 3-68　打开字符终端

第二种方法，需要更改系统运行级别，把/etc/inittab 中的默认启动级别设为 3，七个运行级别分别是：0：直接关机，1：单用户模式，2：没有 NFS 服务，3：完整含有网络功能的纯文本模式，4：系统保留功能，5：图形界面，6：重启。

[root@localhost ～]#vi /etc/inittab   //用文本编辑 vi，也可以使用 gedit

将 id:5:initdefault 中的 5 改为 3，如 id:3:initdefault，如图 3-69 所示，保存退出。

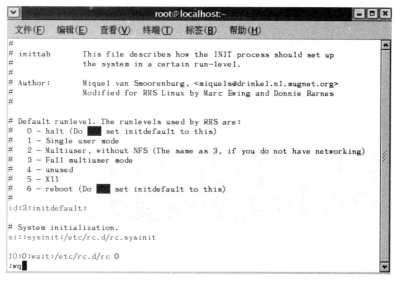

图 3-69　更改运行级别

下次系统启动直接进入纯字符命令行模式，如图 3-70 所示。

图 3-70　字符命令行界面

2．虚拟控制台和本地登录

（1）虚拟控制台

如果在系统启动时直接进入字符工作方式，系统将提供多个（默认 6 个）虚拟控制台，彼此间独立使用、互不影响。

可以使用组合键"Alt+F1～Alt+F6"进行多个虚拟控制台之间的切换。

如果使用 startx 命令在字符界面下启动了图形环境，可以使用组合键"Ctrl+Alt+F1"～"Ctrl+Alt+F6"切换到字符虚拟终端，使用组合键"Ctrl+Alt+F7"切换到图形界面。

（2）本地登录的注销

若要注销登录，在终端上输入 logout 命令，或使用组合键"Ctrl+D"。超级用户的命令提示符是"#"，普通用户的命令提示符是"$"。

（3）退出系统

字符界面下，用 shutdown 命令退出或重启系统。例如：

    [root@localhost ～]#shutdown –r now   //马上关闭并重新启动

注意：命令和参数间至少一个空格，参数有"-"，另外 Linux 区分大小写。

（二）目录与文件管理命令

（1）目录操作命令：cd、pwd

进入目录命令 cd，使用方式：cd   [dirName]

显示目录命令 pwd，用于显示当前工作路径。

具体使用如图 3-71 所示。

图 3-71 目录操作

第一行，显示当前工作路径；

第二行，进入到 bin 目录；

第三行，显示当前工作路径；

第四行，回到用户主目录。

注意：在任何目录路径下返回到用户个人主目录，只需在命令行输入 cd，并回车即可。如果当前用户是 root，则回到/root 下。

（2）文件显示命令：ls

使用方式：ls [选项] [文件目录列表]

说明：显示指定工作目录下的内容（列出目前工作目录所含的文件及子目录)。

举例如图 3-72 所示。

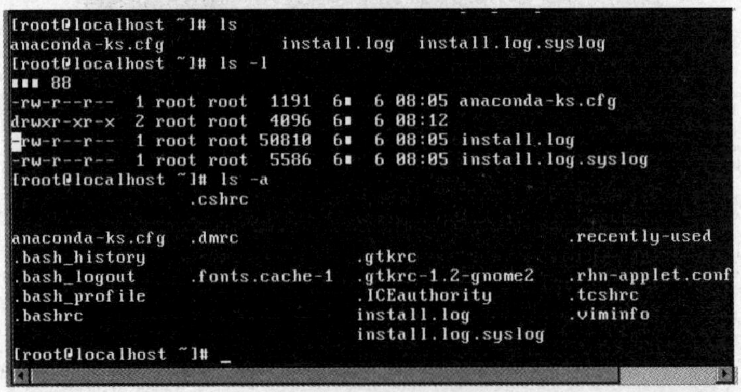

图 3-72 文件显示命令

第一行：列出当前目录文件名；

第二行：列表显示工作目录下文件的详细资料；

第三行：将/root 目录下的所有目录及文件（包括隐藏）列出。

注意： Linux 操作系统的文件名前包含"."说明是隐藏文件或目录，-a 参数可以查看。另外，不同文件类型由颜色区分，比如目录一般是蓝色、普通文件为白色或黑色等。

（3）目录创建与删除

创建新的目录：mkdir 目录名

删除已存在的目录：rmdir 目录名

具体操作如图 3-73 所示。

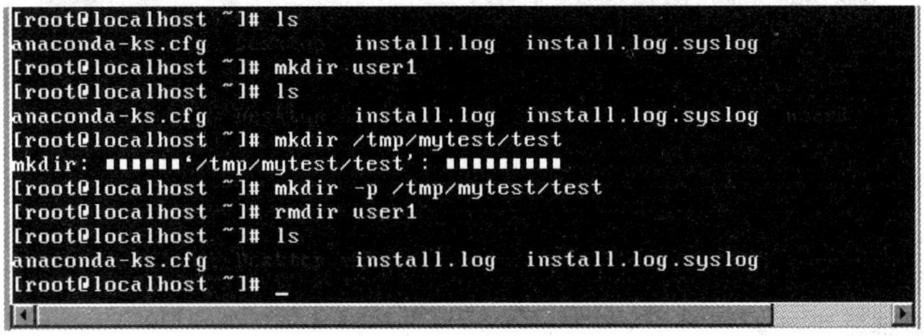

```
[root@localhost ~]# ls
anaconda-ks.cfg              install.log   install.log.syslog
[root@localhost ~]# mkdir user1
[root@localhost ~]# ls
anaconda-ks.cfg              install.log   install.log.syslog
[root@localhost ~]# mkdir /tmp/mytest/test
mkdir: ██████'/tmp/mytest/test': ████████
[root@localhost ~]# mkdir -p /tmp/mytest/test
[root@localhost ~]# rmdir user1
[root@localhost ~]# ls
anaconda-ks.cfg              install.log   install.log.syslog
[root@localhost ~]# _
```

图 3-73　目录创建与删除

第三行：在当前目录下创建 user1 目录；

第四、五行：显示刚创建的目录；

第六、七行：创建/tmp/mytest/test，提示没有创建成功，因为 test 的上层目录不存在或已创建。

第八行：连续创建目录树，但要选用"-p"参数。

第九行：删除刚创建的目录 user1，再次显示目录已被删除。

注意：删除目录必须确保不是当前目录或目录已空。

（4）文件内容查看命令 cat

例如，显示文本文件内容。

```
cat -en 2.txt    #显示 2.txt 的内容，同时显示每一行的行号，并在每行末尾显示$符号
```

（三）用户管理命令

（1）创建新用户：useradd

也可以使用 adduser 来创建新的用户账号 user1。

```
[root@localhost root] # useradd user1
```

删除用户用 userdel 命令，添加"-r"参数选项，表示将用户主目录下的所有内容一并删除。

（2）用户切换

su 命令常用于不同用户间切换。其命令格式如下：

```
# su[用户名]
```

su 命令的常见用法是变成根用户或超级用户，如果发出不带用户名的 su 命令，则系统提示输入根口令，输入之后则可换为根用户。如果登录为根用户，则可以用 su 命令成为系统上任何用户而不需要口令。

例如，如果登录为 teacher1，要切换为 teacher2，只要用如下命令：

　　# su teacher2

然后系统提示输入 teacher2 口令，输入正确的口令之后就可以切换到 teacher2。完成之后就可以用 exit 命令返回到 teacher1。

以上操作，如图 3-74 所示。

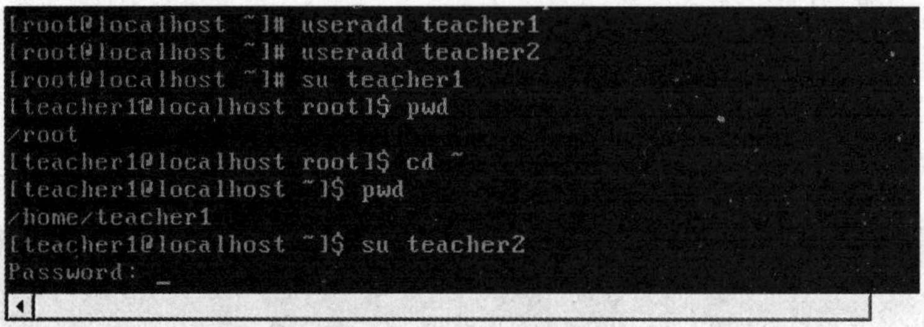

图 3-74　用户管理操作

（3）修改用户密码

使用格式：passwd 用户名

删除用户密码：passwd -d　xs1

（四）网络配置命令

（1）查看网络运行状况

在命令行直接输入命令：ifconfig，该命令在屏幕上显示当前系统中网络参数的配置情况，如图 3-75 所示。

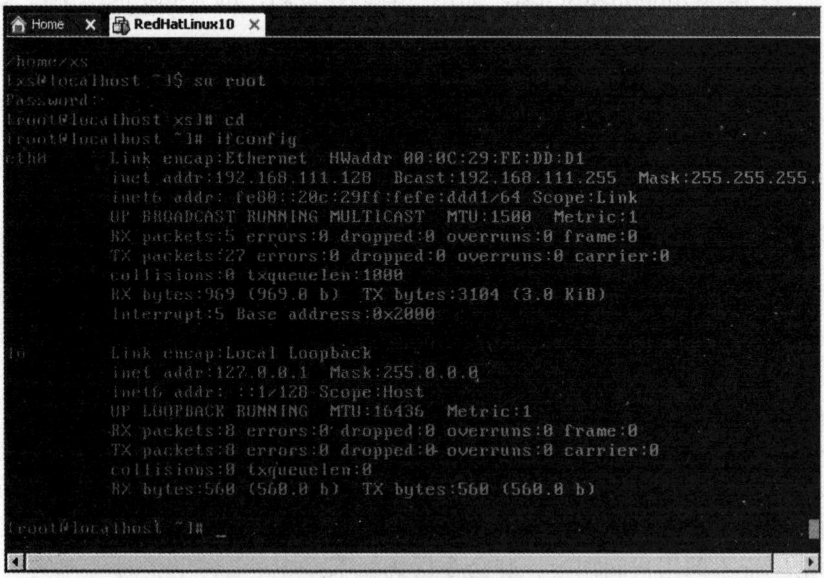

图 3-75　网络参数配置

（2）手工配置网络

ifconfig 是用来设置和配置网卡的命令行工具，使用权限为超级用户。使用该命令的好处是无须重新启动机器。要赋给 eth0 接口 IP 地址 207.164.186.2，并且马上激活它，使用下面命令：

#ifconfig eth0 207.164.186.2 netmask 255.255.255.128 broadcast 207.164.186.127

该命令的作用是设置网卡 eth0 的 IP 地址、网络掩码和网络的本地广播地址。

（3）nslookup 命令

nslookup 命令的功能是查询一台机器的 IP 地址和其对应的域名。使用权限为所有用户。它通常需要一台域名服务器来提供域名服务。如果用户已经设置好域名服务器，就可以用这个命令查看不同主机的 IP 地址对应的域名。

使用格式：nslookup [IP 地址/域名]

例如：

```
$ nslookup
Default Server: name.cao.com.cn
Address: 192.168.1.9
>
```

在符号"＞"后面输入要查询的 IP 地址域名，并回车即可。如果要退出该命令，输入"exit"，并回车即可。

3.5　拓展任务

拓展任务 1　本地机虚拟出两台安装不同操作系统的计算机

实现要求：在一台安装 VMware Workstation 软件的计算机上虚拟出两台物理计算机，在该虚拟机上分别安装 Windows Server 2008 和 Red Hat Linux 操作系统。

拓展任务 2　利用虚拟机组建局域网实现资源共享和互访

实现要求：利用"拓展任务 1"安装好的两台虚拟计算机，组建一个由三台计算机组成的局域网络，实现它们之间的文件资源共享。

操作提示：Linux 与 Windows 文件资源共享通常通过 FTP 服务、NFS 服务等几种方式，但也可以配置 Samba 服务实现，此内容自主学习。这里主要学习 Linux 中使用命令行模式访问 Windows 共享文件夹的方法。参考实现过程如下：

第一步：在 Windows 下设置共享文件夹

在 Windows 桌面，新建文件夹如"windows 共享文件夹"，右击设置共享此文件夹，右击属性可以查看此文件夹的网络共享地址，复制这个地址，如"windows 计算机 IP 地址或主机名/Users/Administrator/Desktop/windows 共享文件"。

第二步：Linux 端操作步骤

1．直接挂载方式

```
#mount  -t  -o  username=administrator,password='password'
//192.168.0.125/Users/Administrator/Desktop/windows 共享文件, /share
```

注意：斜杠要按照 Linux 的规则去写，不要写反，主机名换成了 IP，命令中第 fg 行接着第一行连续输入。

2．挂载成功后用 df 查看

```
#df -h //192.168.0.125/windows 共享文件 100G 69G 32G 69% /share
```

```
#df -h
//192.168.0.125/共享文件夹    100G    69G    32G    69% /share
```

3．查看 share 文件夹中的内容

```
#ls
test.docx
```

可以看到是与 Windows 的文件夹里的内容是一样的，如此一来文件共享就已经实现了，如要卸载，则用 umount 命令卸载目录即可。

项目四 Windows 网络服务器的创建与管理

4.1 项目情景

项目二描述的是小型办公网络的组建与应用，现在企业 A 员工人数扩大到 200 人，利用网络办公的人数也大大增加。为方便员工获取企业最新发展动态，方便用户更详细地了解企业产品，提高企业运转效率，准备在企业内部构建网络服务器对企业进行有效管理。

现企业 A 提出了以下需求：

1. 企业已经设计出了自己的网站，希望员工能通过域名来进行访问，让更多的用户访问网站，详细了解企业产品。

2. 企业拥有大量的内部文件及资料供员工交流使用，还需要对企业管理人员的个人文档进行管理。

3. 为了节省 IP 地址资源提高网管人员的效率，企业希望动态地向企业客户端分配 IP 地址。

4.2 项目分析

随着信息时代的来临，构建信息网络对于准备提升网络办公效率的企业来说势在必行，而其中企业内部网络服务器的架设与管理尤其重要。

因此，企业局域网中经常会架设若干台服务器，在这些服务器上安装服务程序，用于向局域网中的客户端提供相应的服务，其拓扑结构图如图 4-1 所示。

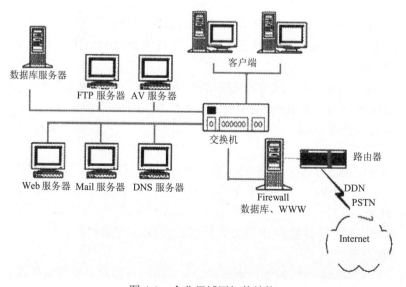

图 4-1 企业局域网拓扑结构

对于图 4-1 中的企业需求，需要考虑以下几个方面：

1．DNS 的构建及管理

IP 地址可以用于访问网络资源，比如搭建好的网站。但通过项目二对 IP 地址的学习，我们已了解到 IP 地址较难记忆，所以首先需要在局域网中构建 DNS 服务器，来实现 IP 地址到域名的转换。

2．Web 服务器的构建及管理

实现在企业局域网中员工对网站的访问，需要构建 Web 服务器。Web 服务器及 DNS 服务器的配合使用，便可以实现员工通过域名访问企业设计好的网站。

3．FTP 服务器的构建及管理

FTP 服务器可以实现员工在企业局域网内对文件的下载及上传。

4．DHCP 服务器的构建及管理

随着企业员工人数的增加，对网络中计算机的需求量也会加大，如果只是通过静态设置 IP，网络管理的负担会随之加重，效率降低。DHCP 服务器的构建可以实现客户端登录服务器时自动获得服务器分配的 IP 地址和子网掩码，减轻企业网络管理的负担。

综上，针对企业上述需求，需要构建 C/S 服务模式的网络，安装和配置 DNS、DHCP、FTP、Web 等服务。本项目我们重点学习 Windows Server 2008 下几个主要服务的配置与应用方法。

4.3　知识准备

一、DNS 服务器

（一）DNS 概述

IP 地址是 Internet 主机的真正标识，每一个 Internet 主机必须具有一个或多个 IP 地址。但在多数情况下，我们很少用 IP 地址访问 Internet 资源，比如使用淘宝网的 IP 地址访问淘宝网的 Web 站点，原因是 IP 地址记忆起来比较困难。一般，我们都是用域名来访问 Internet 资源的，比如类似于 www.taobao.com 这样的域名相对而言更容易记忆。

尽管这样，域名仍然只能算是一种名称标识，在访问 Internet 主机之前，必须有一种机制将域名解析为 IP 地址。

域名服务器（DNS 服务器）就是来完成这种"IP 地址"和"域名"之间的转换工作的。域名服务器采用客户端/服务器机制，其中包含域名和 IP 地址的对照信息，供客户计算机查询。

（二）DNS 基本概念

1．DNS 区域类型

按照 DNS 搜索区域的类型，DNS 的区域可分为正向查找区域和反向查找区域。

正向查找区域：正向查找是 DNS 服务器要实现的主要功能，它根据计算机的 DNS 名称解析出相应的 IP 地址。

反向查找区域：根据计算机的 IP 地址解析出它的 DNS 名称。

2．DNS 资源记录

创建区域之后，需要向该区域添加资源记录，常用的资源记录类型包括以下几种。

（1）主机记录（A）。用于将 DNS 域名映射到计算机使用的 IP 地址。

（2）别名（CNAME）。用于将 DNS 域名的别名映像到另一个主要的或规范的名称，允许用多个名称指向一个主机。

（3）邮件交换器（MX）。用于将 DNS 域名映像为交换或转发邮件的计算机的名称。

（4）指针（PTR）。用于映射基于指向其正向 DNS 域名的计算机的 IP 地址的反向 DNS 域名。

（5）服务位置（SRV）：用于将 DNS 域名映射到指定的 DNS 主机列表，该 DNS 主机提供诸如 Active Directory 域控制器之类的特定服务。

3．客户端与服务器

DNS 分为客户端和服务器两部分。

客户端是提出 DNS 域名解析请求的终端，服务器是直接或间接帮助客户端完成域名解析的计算机。

因此，如果是客户端，要搞清楚是否有域名请求的需求，如果是服务器，要搞清楚解析的域名区域、授权域名服务器的 IP 等。

二、Web 服务器

（一）IIS

IIS 是 Internet Information Services 的缩写，意为互联网信息服务，是一种 Web（网页）服务组件，其中包括 Web 服务器、FTP 服务器、NNTP 服务器和 SMTP 服务器，分别用于网页浏览、文件传输、新闻服务和邮件发送等方面，它使得在网络（包括互联网和局域网）上发布信息变得简单方便，是架设公司及个人网站的选择之一。

（二）Web 服务器

Web 服务器也称为 WWW（World Wide Web）服务器，主要功能是提供网上信息浏览服务。其内容包括以下三个方面：

（1）应用层使用 HTTP 协议；

（2）HTML 文档格式；

（3）浏览器统一资源定位器（URL）。

简单来说，当我们在 Web 浏览器（客户端）输入一个 URL（网站地址）连到 Web 服务器上并请求文件时，Web 服务器将处理该请求并将文件发送到该浏览器上，附带的信息会告诉浏览器如何查看该文件（即文件类型）。服务器使用 HTTP（超文本传输协议）进行信息交流，所以人们也常把它称为 HTTP 服务器。

Web 页面处理可分为三个步骤：首先，客户端通过浏览器向 Web 服务器发出 Web 页面请求；其次，Web 服务器在接收到请求后，寻找所请求的 Web 页面文件；最后，Web 服务器将找到的 Web 页面传送给客户端浏览器显示。过程如图 4-2 所示。

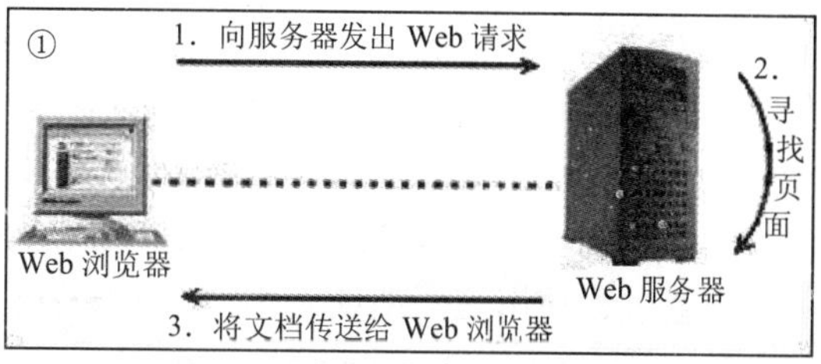

图 4-2　Web 页面处理

（三）HTTP 协议

HTTP 协议（Hyper Text Transfer Protocol，超文本传输协议）是用于从 WWW 服务器传输超文本到本地浏览器的传送协议。所有的 WWW 文件都必须遵循这个标准。它可以使浏览器更加高效，使网络传输减少。

它不仅保证计算机正确快速地传输超文本文档，还确定传输文档的哪一部分，以及哪部分内容首先显示（如文本先于图形）等。默认 HTTP 的端口号为 80。其与 Web 服务器的关系简单来说，即浏览器通过超文本传输协议（HTTP），将 Web 服务器上站点的网页代码提取出来，并翻译成漂亮的网页。

具体来说，Web 服务器可以解析（handles）HTTP 协议。当 Web 服务器接收到一个 HTTP 请求（request），会返回一个 HTTP 响应（response），例如送回一个 HTML 页面。为了处理一个请求（request），Web 服务器可以响应（response）一个静态页面或图片，进行页面跳转（redirect），或者把动态响应（dynamic response）的产生委托（delegate）给一些其他的程序，例如 CGI 脚本、JSP（Java Server Pages）脚本、Servlets、ASP（Active Server Pages）脚本、服务器端（Server-side）JavaScript 或者一些其他的服务器端（Server-side）技术。无论它们（脚本）的目的如何，这些服务器端（Server-side）的程序通常产生一个 HTML 的响应（response）来让浏览器可以浏览。

三、DHCP 服务器

（一）DHCP 服务器概述

DHCP 是 Dynamic Host Configuration Protocol（动态主机配置协议）的缩写，它的前身是 BOOTP。BOOTP 原本是用于无磁盘主机连接的网络上的网络主机使用 BOOT ROM，而不是磁盘启动并连接上网络，BOOTP 则可以自动地为那些主机设定 TCP/IP 环境。但 BOOTP 有一个缺点，在设定前须事先获得客户端的硬件地址，而且，与 IP 的对应是静态的。换而言之，BOOTP 非常缺乏"动态性"，若在有限的 IP 资源环境中，BOOTP 的一对一对应会造成非常严重的资源浪费。DHCP 可以说是 BOOTP 的增强版本，它分为两个部分：一个是服务器端，而另一个是客户端。所有的 IP 网络设置数据都由 DHCP 服务器集中管理，并负责处理客户端的 DHCP 请求；而客户端则会使用从服务器分配下来的 IP 环境数据。比起 BOOTP，DHCP 透过"租约"的概念，有效且动态地分配客户端的 TCP/IP 设置，不仅能够保证 IP 地址不重复分配，也能及时回收 IP 地址，从而提高 IP 地址的利用率。

（二）DHCP 的地址分配方式

DHCP 允许使用手工分配（Manual Allocation）、自动分配（Automatic Allocation）、动态分配（Dynamic Allocation）三种方式来分配 IP 地址。

1. 手工分配（Manual Allocation）

手工分配，获得的 IP 也叫静态地址，网络管理员为某些少数特定的在网计算机或者网络设备绑定固定 IP 地址，且地址不会过期。

2. 自动分配（Automatic Allocation）

自动分配，其情形是：一旦 DHCP 客户端第一次成功的从 DHCP 服务器端租用到 IP 地址之后，就永远使用这个地址。

3. 动态分配（Dynamic Allocation）

动态分配，当 DHCP 客户端第一次从 DHCP 服务器端租用到 IP 地址之后，并非永久的使用该地址，只要租约到期，客户端就得释放（release）这个 IP 地址，以给其他工作站使用。当然，客户端可以比其他主机更优先更新（renew）租约，或是租用其他的 IP 地址。

四、FTP 服务器

（一）FTP 概述

文件传输通过互联网，可以把文件从一台计算机传送到另一台计算机，文件传输服务必须遵循文件传输协议（File Transfer Protocol，FTP）。

通过 FTP 从远程计算机上获取文件称为下载（download）；将本地计算机上的文件复制到远程计算机上称为上传（upload）。

因此，FTP 的主要作用就是让用户连接上一个远程计算机（该计算机上创建有 FTP 站点），查看远程计算机上有哪些文件，然后把文件从远程计算机上拷到本地计算机，或把本地计算机的文件送到远程计算机上去。

（二）FTP 工作原理

用户通过一个支持 FTP 协议的客户端程序，连接到在远程主机上的 FTP 服务器程序。用户通过客户端程序向服务器程序发出命令，服务器程序执行用户所发出的命令，并将执行的结果返回到客户端。比如说，用户发出一条命令，要求服务器向用户传送某一个文件的一份拷贝，服务器会响应这条命令，将指定文件送至用户的机器上。客户端程序代表用户接收到这个文件，将其存放在用户目录中。

FTP 服务器有匿名登录和使用账号密码登录两种方式。关于匿名登录涉及到使用 FTP 时的一个重要概念——"匿名"用户。这是指为了使用 FTP，用户必须具有该计算机的适当授权，换言之，必须有用户 ID 和口令，否则便无法传送文件。但是，访问互联网上 FTP 站点的用户数量巨大，不可能要求每个用户在每一台主机上都拥有账号。匿名 FTP 就是为解决这个问题而产生的。一个匿名的 FTP 站点被配置为允许任何用户访问，此时必须使用用户标识 Anonymous。

4.4　任务分解

任务 1　DNS 服务器的配置

一、任务目的

1. 掌握 DNS 服务器的构建。
2. 掌握配置 DNS 服务器的方法。
3. 学会测试和正确访问 DNS 服务器。

二、任务描述

企业 A 有一台合法 IP 地址的服务器（该服务器地址为 192.168.0.5），并且申请到域名 hanxing.com，该企业需要利用其构建 DNS 服务器，使员工及用户能够通过域名（www.hanxing.com）访问公司的网页。

DNS 服务器最终构建成功的测试结果如图 4-3 所示。

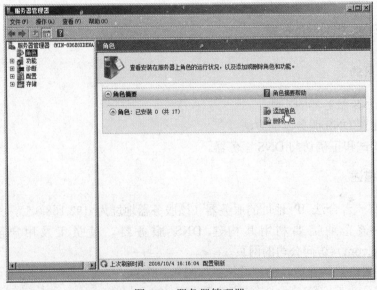

图 4-3　DNS 服务器测试

三、任务实现

（一）预备知识

DNS 是域名系统（Domain Name System）的缩写，是因特网的一项核心服务，它作为可以将域名和 IP 地址相互映射的一个分布式数据库，能够使用户更方便地访问互联网，而不用去记住能够被机器直接读取的 IP 数字串。比如在浏览器的地址栏中输入 www.hanxing.com 的域名后，DNS 服务器自动把域名"翻译"成相应的 IP 地址，调出 IP 地址所对应的网页传回浏览器。

（二）DNS 服务的安装

（1）点击"开始"→"管理工具"，选择"服务器管理器"，弹出"服务器管理器"窗口，如图 4-4 所示。

图 4-4　服务器管理器

（2）点击"添加角色"，弹出"添加角色向导"对话框，勾选"DNS 服务器"，如图 4-5 所示。

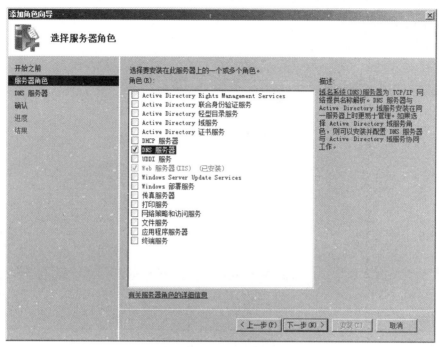

图 4-5　添加角色向导

（3）点击"下一步"按钮，显示对 DNS 服务器的简介，如图 4-6 所示。

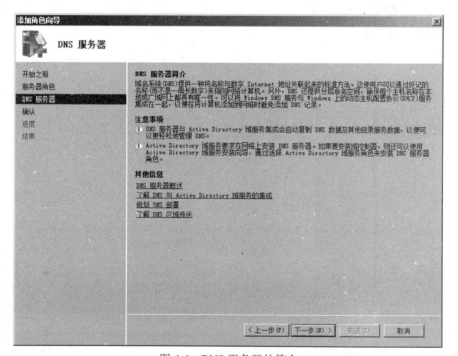

图 4-6　DNS 服务器的简介

（4）点击"下一步"，进入"确认安装选择"页面，如图 4-7 所示。

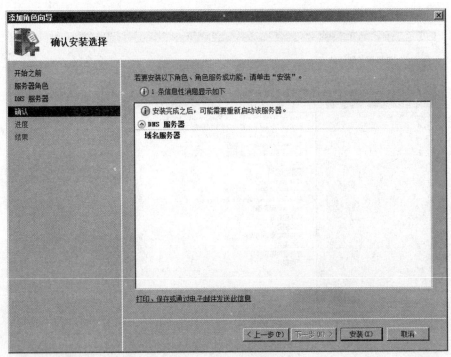

图 4-7　确认安装选择

（5）点击"安装"，完成对 DNS 服务器的成功安装，如图 4-8 所示。

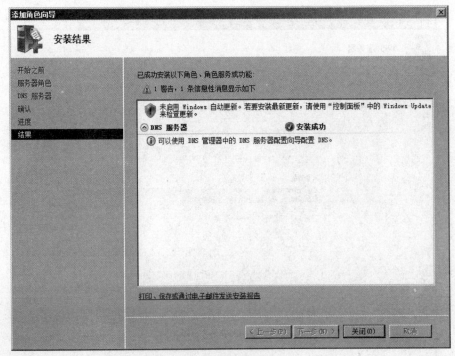

图 4-8　安装完成

（三）创建正向查找区域

（1）点击"开始"→"管理工具"，选择"DNS"，弹出 DNS 管理器，如图 4-9 所示。

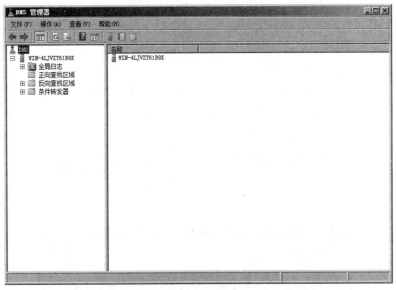

图 4-9　DNS 管理器

（2）选中"正向查找区域"，点击鼠标右键之后选择"新建区域"，弹出"新建区域向导"对话框，如图 4-10 所示。

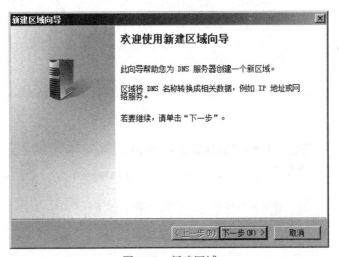

图 4-10　新建区域

（3）点击"下一步"，弹出"区域类型"对话框，保持"主要区域"处于选中状态，如图 4-11 所示。

（4）点击"下一步"，弹出"区域名称"对话框，该对话框要求用户输入新建区域的名称。在本例中输入 hanxing.com，如图 4-12 所示。

（5）点击"下一步"，弹出"区域文件"对话框，该对话框已经根据区域名称默认填入了一个文件名，此文件是一个 ASCII 文本文件，保存着该区域的信息，如图 4-13 所示。

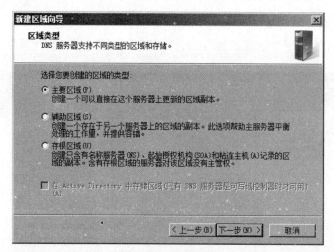

图 4-11　主要区域

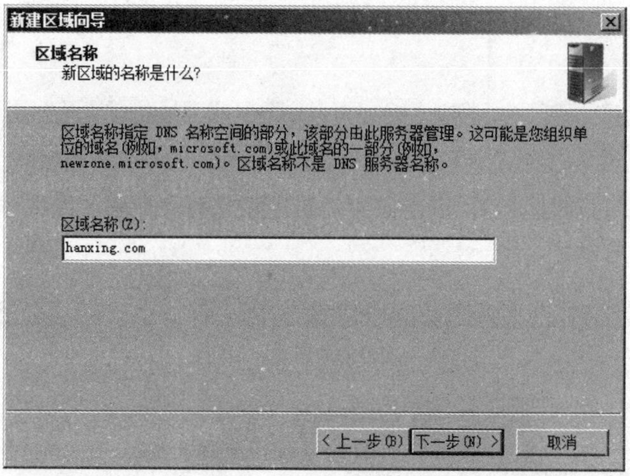

图 4-12　区域名称

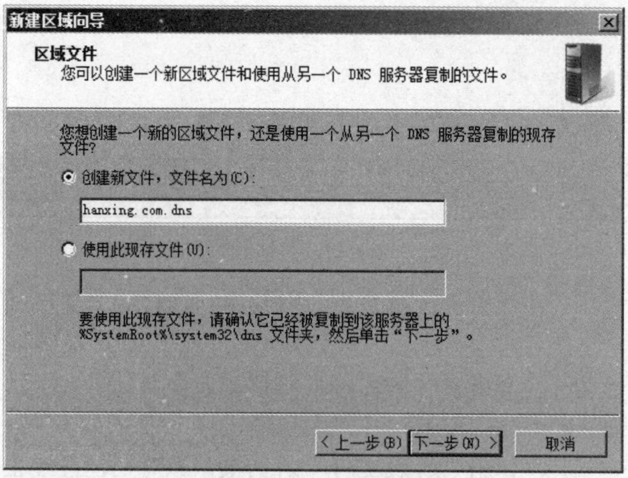

图 4-13　区域文件

（6）点击"下一步"按钮，弹出"动态更新"对话框，在该对话框中指定该 DNS 区域能够接受的注册信息更新类型，默认情况下为"不允许动态更新"。"允许非安全和安全动态更新"可以让系统自动地在 DNS 中注册有关信息，但安全性方面会受影响。这里选择"不允许动态更新"，如图 4-14 所示。

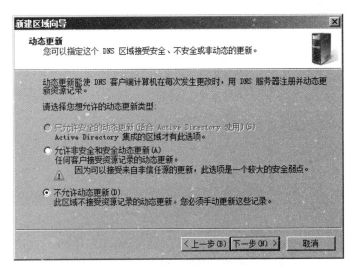

图 4-14　"动态更新"对话框

（7）点击"下一步"按钮，在最后打开的"正在完成新建区域向导"界面中列出了设置报告，点击"完成"按钮，结束正向查找区域的创建过程，如图 4-15 所示。

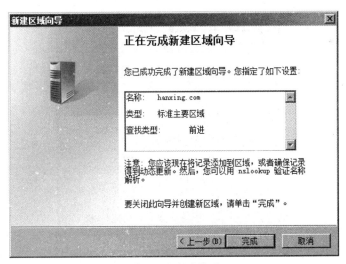

图 4-15　创建完成

（四）创建主机记录

成功创建了"hanxing.com"区域后并不能马上实现域名解析，因为它还不是一个合格的域名，还需要在其基础上创建指向不同服务器的主机名；另外还要将主机域名与 IP 地址对应。

（1）依次点击"开始"→"管理工具"→"DNS"菜单命令，打开 DNS 管理窗口。在左侧窗格中依次展开服务器和正向查找区域目录，如图 4-16 所示。

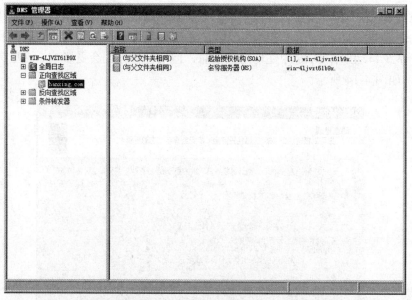

图 4-16　DNS 管理窗口

（2）用鼠标右键点击"hanxing.com"区域，执行快捷菜单中的"新建主机（A 或 AAAA）"命令，打开"新建主机"对话框，在"名称"编辑框中键入一个能代表该主机所提供服务的名称，如 www、ftp 等，本例键入 www。在"IP 地址"编辑框中键入该主机的 IP 地址，比如本文任务中准备创建的 Web 服务器（主机）的 IP 地址为 192.168.0.2。则该目标主机对应的域名就是 www.hanxing.com。如图 4-17 所示，主机记录创建完成。

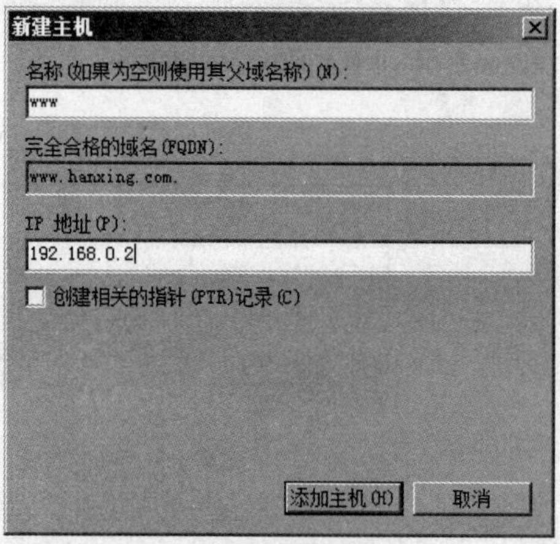

图 4-17　域名及 IP 地址

　　尽管 DNS 服务器已经创建成功，并且创建了合适的域名，可是在客户端的浏览器中却无法使用"www.hanxing.com"这样的域名访问网站。这是因为虽然已经有了 DNS 服务器，但客户端并不知道 DNS 服务器在哪里，因此不能识别用户输入的域名。用户必须手动设置 DNS 服务器的 IP 地址才行。

　　在客户端"Internet 协议版本 4（TCP/IP）属性"对话框中的"首选 DNS 服务器"编辑框中设置刚刚部署的 DNS 服务器的 IP 地址，如图 4-18 所示。

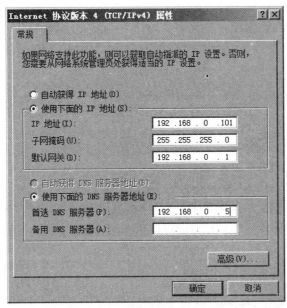

图 4-18　DNS 服务器地址

这样，DNS 服务器即可自动解析成相应的 IP 地址，客户端也能成功使用域名访问网站了。

（五）DNS 服务的测试与使用

（1）在客户端上点击"开始"→"运行"，弹出"运行"对话框，在文本框内输入"cmd"，如图 4-19 所示。

（2）点击"确定"按钮，打开命令行界面，输入"ping www.hanxing.com"，按回车键，将得到如图 4-20 所示的回应信息，表示 DNS 服务器构建成功。

图 4-19　"运行"对话框

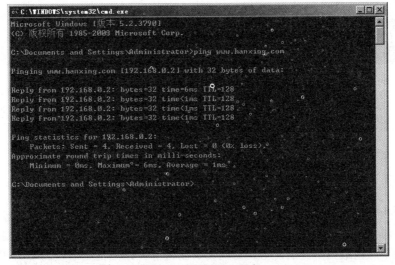

图 4-20　测试 DNS 服务

任务 2　Web 服务器的创建与管理

一、任务目的

1. 了解 Web 服务器的概念及其功能。
2. 掌握 Web 服务器的建立。
3. 学会正确访问 Web 服务。

二、任务描述

搭建 Web 服务器有利于员工更快地了解公司的最新动态以及重要新闻，Web 服务器的 IP 地址为 192.168.0.2，企业要求网页存放虚拟目录的路径为 c:/corp，站点网页的首页文件名为 index.htm。

Web 服务器最终构建成功的测试结果，如图 4-21 所示。

图 4-21　Web 服务器测试

三、任务实现

（一）预备知识

Web 服务器也称为 WWW（World Wide Web）服务器，主要提供网上信息浏览服务。WWW 服务是互联网上应用最为广泛的服务，如网易、新浪等各站点都是通过 WWW 服务实现的。本次任务阐述如何在一台计算机上创建一个 Web 站点。

（二）安装 Web 服务器

（1）点击"开始"→"管理工具"，选择"服务器管理器"，弹出"服务器管理器"窗口，如图 4-22 所示。

图 4-22 服务器管理器

（2）点击"添加角色"，弹出"添加角色向导"对话框，勾选"Web 服务器（IIS）"，如图 4-23 所示。

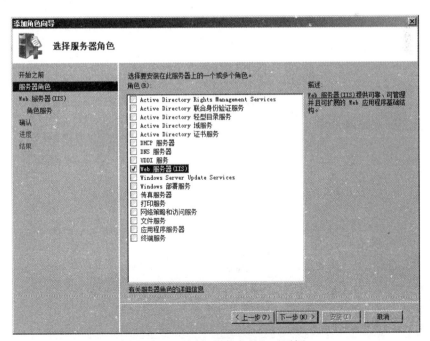

图 4-23 "添加角色向导"对话框

（3）点击"下一步"，选择 Web 服务器中的角色服务组件，如图 4-24 所示。一般采用默认的选择即可，如果有特殊要求则可以根据企业的实际需求进行选择。

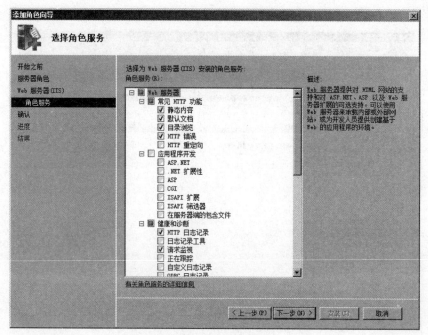

图 4-24　默认角色服务

（4）点击"下一步"，进入"确认安装选择"界面，如图 4-25 所示，可以查看到 Web 服务器安装的详细信息。

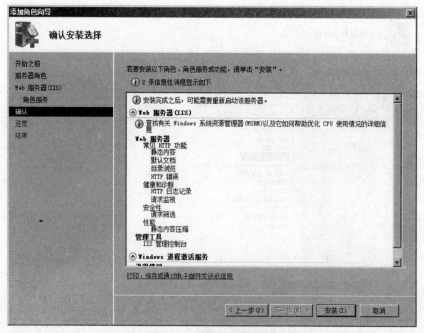

图 4-25　确认安装选择

（5）确定无误后，点击"安装"按钮，即可开始安装 Web 服务器，并最终完成安装，如图 4-26 所示。

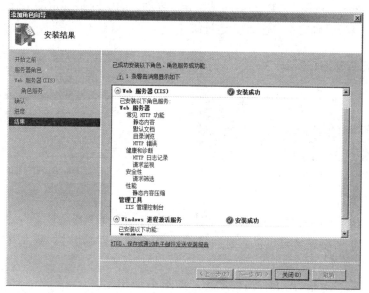

图 4-26　安装完成

（三）配置 Web 服务器

成功安装后，打开"Internet 信息服务（IIS）管理器"，对现有的"默认 Web 站点"做相应修改，就可以轻松实现任务描述。

1．修改绑定的 IP 地址

（1）点击"开始"→"管理工具"→"Internet 信息服务（IIS）管理器"命令，弹出"Internet 信息服务（IIS）管理器"窗口，如图 4-27 所示，可以发现 IIS7.0 的界面和以前版本有了很大变化。

图 4-27　Internet 信息服务（IIS）管理器

（2）展开结点，选择默认网站"Default Web Site"，点击右边窗口的"绑定…"按钮，弹出"网站绑定"对话框，如图 4-28 所示。

（3）点击"编辑"按钮，在"编辑网站绑定"界面，选中网站绑定的 IP 地址 192.168.0.1，如图 4-29 所示，点击"确定"，完成 IP 地址绑定。

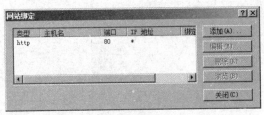

图 4-28　"网站绑定"对话框

图 4-29　IP 地址绑定

2．设置主目录

（1）回到"Internet 信息服务（IIS）管理器"窗口，选择"高级设置"，弹出"高级设置"对话框，如图 4-30 所示。这里可以设置网站的物理路径、连接超时、最大并发连接数、最大带宽等。

（2）选择"物理路径"，进行路径选择，如图 4-31 所示。

图 4-30　高级设置

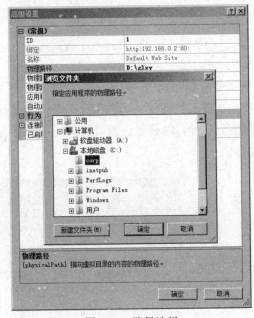

图 4-31　路径选择

说明：物理路径是指保存 Web 网站的文件夹，当用户访问该网站时，Web 服务器会自动将该文件夹中的默认网页显示给客户端用户。任何一个网站都需要有主目录作为默认目录。主目录保存在 Web 网站的文件夹中。

IIS7.0 下，默认网站的物理路径是%SystemDrive%\Inetpub\wwwroot（%SystemDrive%指安装 Windows Server 2008 系统的磁盘分区）。但在实际应用中通常不采用该默认文件夹，因为将数据文件和操作系统放在同一磁盘分区中，不仅安全得不到保障而且会造成系统安装、恢复不太方便等问题，并且当保存大量音视频文件时，可能会造成磁盘或分区的空间不足。最好将作为数据文件的 Web 主目录保存在其他硬盘或非系统分区中。

3．配置 Web 网站首页

（1）回到"Internet 信息服务（IIS）管理器"窗口，点击目标网站名，在中间窗口双击"默认文档"，如图 4-32 所示。

图 4-32　默认文档

（2）在中间窗口显示的是系统默认的文档，可以利用右边窗口中的"上移""下移"来调整默认文档的顺序，以设置网站首页为指定文件 index.htm，如图 4-33 所示。若文档列表中没有网站首页文件名，点击"添加"，在"添加默认文档"对话框中设置网站首页名，如图 4-34 所示。

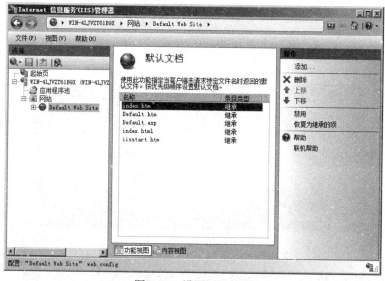

图 4-33　设置网站首页

图 4-34 添加默认文档

说明：通常情况下，Web 网站都需要至少一个默认文档，当在 IE 浏览器中使用 IP 地址或域名访问时，Web 服务器会将默认文档返回给浏览器，并显示内容。当用户浏览网页没有指定文档名时，IIS 服务器会把事先设定的默认文档返回给用户，这个文档就称为默认页面。

在访问该网站时，系统会由上到下依次查找"默认文档"列表中与网站默认主页相对应的文件名。例如，当客户浏览 http://192.168.0.1 时，服务器会先读取主目录下的 Default.htm（排列在列表最上面的文件），若在主目录内没有该文件，则依次读取后面的文件（Default.asp 等）。

（四）Web 服务器的测试与使用

在客户端上打开 IE 浏览器，输入 Web 服务器的地址（http://192.168.0.2），服务器会将预先设置好的首页文档回应给浏览器，并显示内容，如图 4-35 所示。

图 4-35 首页显示

任务 3 DHCP 服务器的创建与管理

一、任务目的

1. 了解 DHCP 的基本概念。
2. 掌握 DHCP 服务器的安装与配置。
3. 掌握 DHCP 客户端的设置。

二、任务描述

企业员工众多且 IP 地址资源稀缺，并且企业只有一部分员工在企业使用网络，为了节省 IP 地址资源提高网管人员的效率，企业决定利用 DHCP 服务器给企业局域网中的员工客户端动态地分配 192.168.0.100～192.168.0.200 地址段中的 IP 地址，给打印机服务器预留一个固定的 IP 地址 192.168.0.111，并且 192.168.0.140～192.168.0.149 这个 IP 地址段停止分配使用。

DHCP 服务器最终构建成功的测试结果如图 4-36 所示。

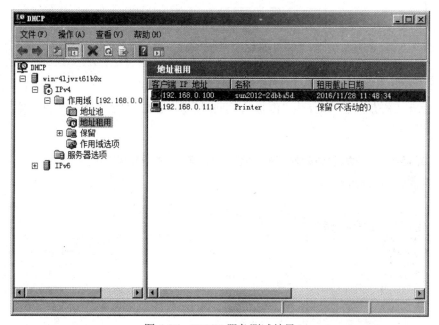

图 4-36 DHCP 服务测试结果

三、任务实现

（一）预备知识

动态主机配置协议（Dynamic Host Configuration Protocol，DHCP）是一个局域网的网络协议，可以给局域网中的客户端动态分配 IP 地址，这样能够减轻网络管理员的负担，为网络管理员提供对局域网中所有计算机进行中央管理的手段。使用 DHCP 时，整个网络至少要有一台服务器上安装 DHCP 服务，其他要使用 DHCP 功能的客户端也必须设置利用 DHCP 方式获得 IP 地址。

（二）DHCP 服务器的安装

（1）点击"开始"→"管理工具"，选择"服务器管理器"，弹出"服务器管理器"窗口，如图 4-37 所示。

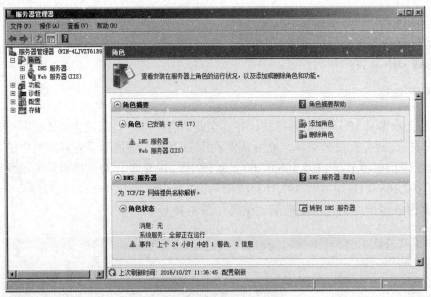

图 4-37　服务器管理器

（2）点击"添加角色"，弹出"添加角色向导"对话框，勾选"DHCP 服务器"，如图 4-38 所示。

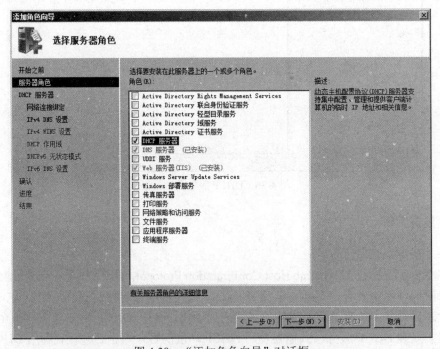

图 4-38　"添加角色向导"对话框

（3）点击"下一步"，出现 DHCP 服务器说明窗口，点击"下一步"按钮，进入"选择网络连接绑定"界面，安装程序将检查你的服务器是否具有一个静态 IP 地址，如果检测到会显示出来，如图 4-39 所示。

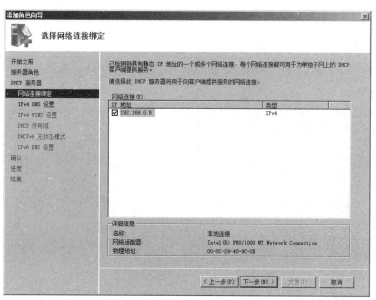

图 4-39 IP 绑定

（4）保持该静态 IP 地址的选中状态，点击"下一步"按钮，进入"指定 IPv4 DNS 服务器设置"界面，输入域名以及首选 DNS 服务器的 IP 地址，通过将 DHCP 与 DNS 集成，当 DHCP 更新 IP 地址信息的时候，相应的 DNS 更新会将计算机的名称到 IP 地址的关联进行同步，如图 4-40 所示。

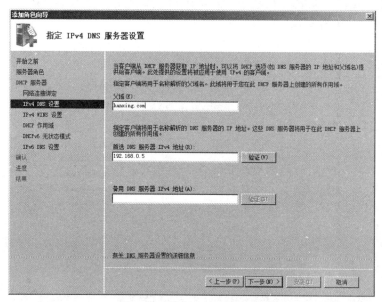

图 4-40 域名及首选 IP 地址

（5）点击"下一步"按钮，进入"指定 IPv4 WINS 服务器设置"界面，企业网络中如果包含使用 NetBIOS 名称的计算机和使用域名的计算机，则需要同时包含 WINS 服务器和 DNS 服务器。这里我们可以不进行设置，选择"此网络上的应用程序不需要"，如图 4-41 所示。

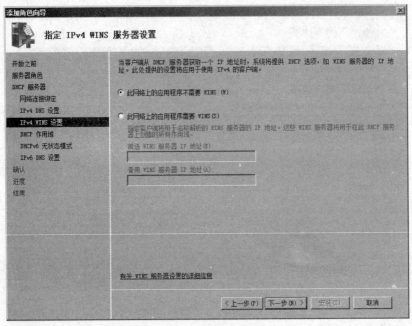

图 4-41　WINS 服务器

（6）点击"下一步"按钮，进入"添加或编辑 DHCP 作用域"界面，点击"添加"按钮，弹出"添加作用域"对话框，设置可分配的 IP 地址范围，如图 4-42 所示。

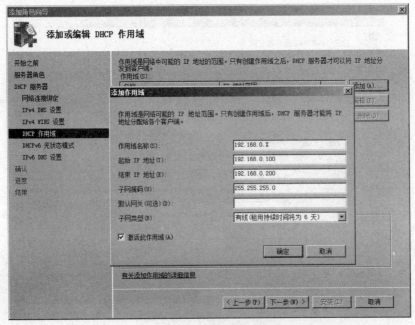

图 4-42　添加作用域

（7）点击"下一步"按钮，进入"配置 DHCPv6 无状态模式"界面，在 Windows Server 2008 中默认增加了对下一代 IP 地址规范 IPv6 的支持，这里选择"对此服务器禁用 DHCPv6 无状态模式"，如图 4-43 所示。

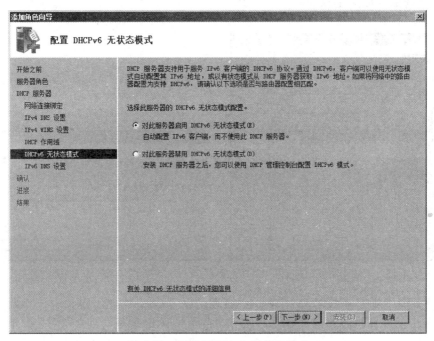

图 4-43　配置 DHCPv6 无状态模式

（8）点击"下一步"按钮，选择"安装"，完成对 DHCP 服务器的安装。

（三）DHCP 服务器的配置

（1）点击"开始"→"管理工具"，选择"DHCP"，弹出"DHCP"页面，在 IPv4 下面有我们已经创建的作用域，如图 4-44 所示。

图 4-44　DHCP 作用域

（2）右键点击"保留"，选择"新建保留"，弹出"新建保留"对话框，填写 IP 地址、MAC 地址及其他保留信息，如图 4-45 所示。

（3）右键点击"地址池"，选择"新建排除范围"，弹出"添加排除"对话框，填写要排除的 IP 地址范围，如图 4-46 所示。

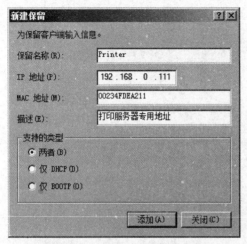

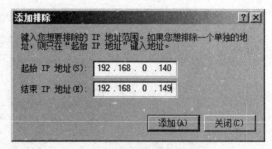

图 4-45 "新建保留"对话框

图 4-46 新建排除范围

（四）DHCP 客户端的配置

局域网中的计算机若想通过 DHCP 服务器自动获取 IP 地址，则必须对客户端计算机进行设置。

（1）右键点击客户端计算机系统桌面上的"网上邻居"图标，选择"属性"，打开"网络连接"窗口，如图 4-47 所示。

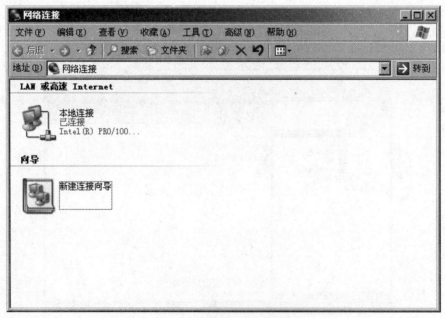

图 4-47 "网络连接"窗口

（2）右键点击"本地连接"图标，选择"属性"，打开"本地连接属性"对话框，如图4-48 所示。

（3）选择"Internet 协议（TCP/IP）"，点击"属性"按钮，打开"Internet 协议（TCP/IP）属性"对话框，选中"自动获得 IP 地址"和"自动获得 DNS 服务器地址"单选按钮，点击"确定"按钮，设置完成，如图 4-49 所示。

DHCP 客户端计算机的设置完成。

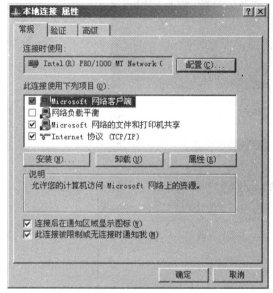
图 4-48　"本地连接属性"对话框

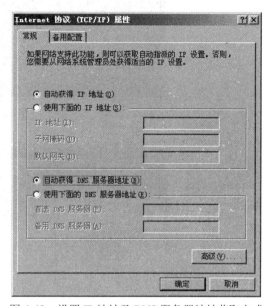
图 4-49　设置 IP 地址及 DNS 服务器地址获取方式

（五）DHCP 服务的测试

（1）在客户端上点击"开始"→"运行"，弹出"运行"对话框，在文本框内输入"cmd"，如图 4-50 所示。

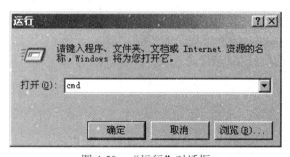
图 4-50　"运行"对话框

（2）点击"确定"按钮，打开命令行界面，输入"ipconfig"，按回车键，将得到如图 4-51 所示的回应信息，表示客户端从服务器的地址池中成功分配得到 IP 地址 192.168.0.100。

（3）点击"开始"→"管理工具"，选择"DHCP"，弹出"DHCP"窗口，在 IPv4 下面找到已经创建的作用域，点击"地址租用"，如图 4-52 所示，可以看出，服务器从地址池中已成功分配给客户端 IP 地址。

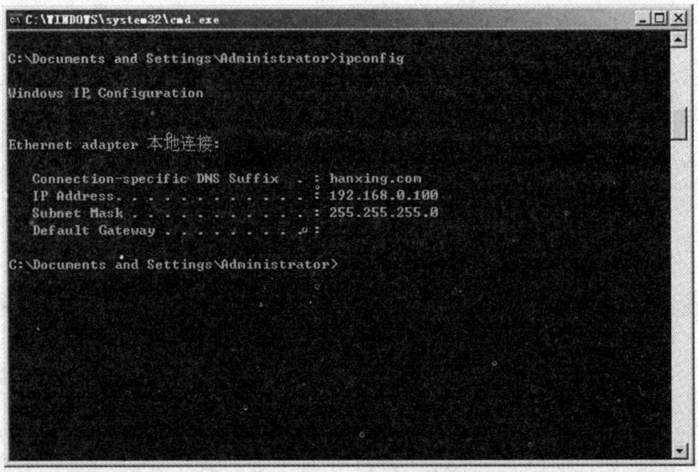

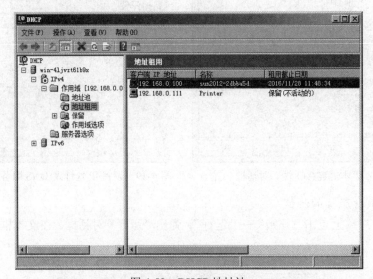

图 4-51　测试

图 4-52　DHCP 地址池

任务 4　FTP 服务器的创建与管理

一、任务目的

1. 理解 FTP 的概念及作用。
2. 掌握 FTP 服务器的配置方法。
3. 学会测试并使用 FTP 服务。

二、任务描述

企业有大量的公共文件及资料供员工使用，还需要让企业高层管理人员对企业内部的文档进行管理。建立 FTP 服务器可以解决该问题，服务器的 IP 地址为 192.168.0.3，企业要求公司内部员工可以匿名登录 FTP，上传和下载企业公共文件，而高层管理人员可以使用自己的账户登录 FTP 服务器，进行企业内部文档的管理设置。

FTP 服务器最终构建成功的测试结果如图 4-53 所示。

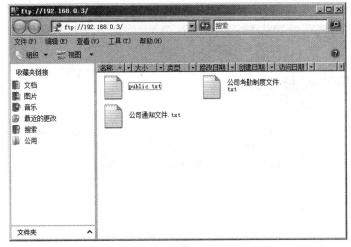

图 4-53　FTP 服务器

三、任务实现

（一）预备知识

文件传输协议（File Transfer Protocol，FTP）是 TCP/IP 协议中有关文件传输的协议。IIS 中集成了 FTP 服务器，通过 FTP（文件传输协议）服务，IIS 提供对管理和处理文件的完全支持。本任务介绍如何使用 IIS 创建 FTP 站点。

（二）安装 FTP 服务

（1）点击"开始"→"管理工具"，选择"服务器管理器"，弹出"服务器管理器"窗口，如图 4-54 所示。

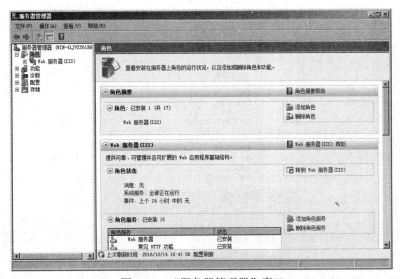

图 4-54　"服务器管理器"窗口

（2）右键点击"Web 服务器（IIS）"，选择"添加角色服务"命令，如图 4-55 所示，弹出"添加角色服务"对话框，这里列出的是 Web 服务器中已安装和未安装的角色服务，如图 4-56 所示。

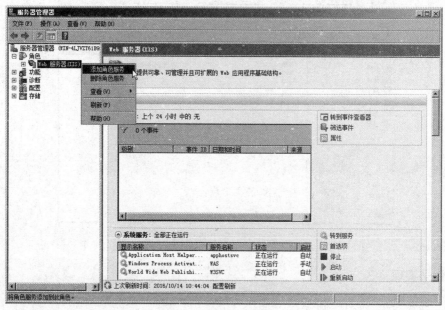

图 4-55　添加角色服务

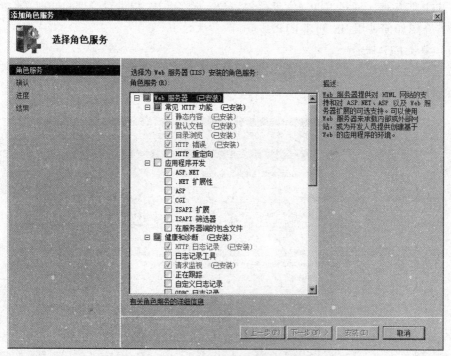

图 4-56　"添加角色服务"对话框

（3）勾选 "FTP 发布服务"复选框，如图 4-57 所示。

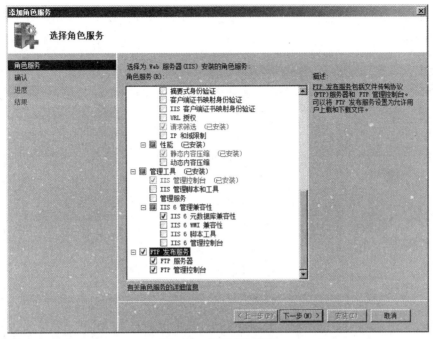

图 4-57 FTP 发布服务

（4）点击"下一步"按钮，弹出"确认安装选择"页面，点击"安装"，如图 4-58 所示。安装后点击"关闭"按钮。

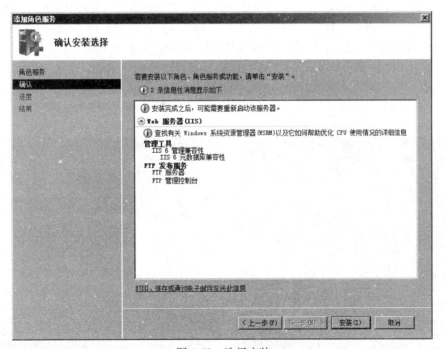

图 4-58 选择安装

（三）配置 FTP 服务器

（1）点击"开始"→"管理工具"，选择"Internet 信息服务（IIS）管理器"，弹出"Internet

信息服务（IIS）管理器"页面，选中"FTP 站点"，在中间窗口点击"点击此处启动"链接，如图 4-59 所示。

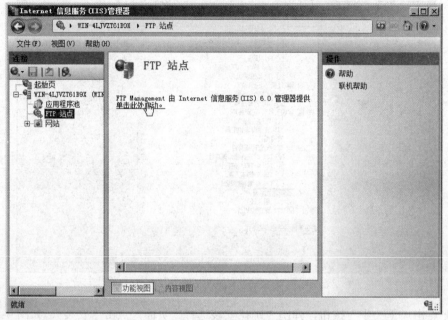

图 4-59　服务启动

说明：虽然 Windows Server 2008 自带的应该是 IIS 7.0 管理器，但是 FTP 站点由 IIS 6.0 支持。

（2）弹出"Internet 信息服务（IIS）6.0 管理器"页面，右键点击"Default FTP Site"，选择快捷菜单中的"属性"命令，弹出"Default FTP Site（停止）属性"对话框，如图 4-60 所示。

（3）选中"FTP 站点"选项卡，在"FTP 站点标识"选项组中，更改 FTP 站点名称为"DemoFTP"，在"IP 地址"下拉列表框中选择绑定的 IP 地址 192.168.0.3，选择默认的 TCP 端口号 21，如图 4-61 所示。

图 4-60　缺省 FTP 属性

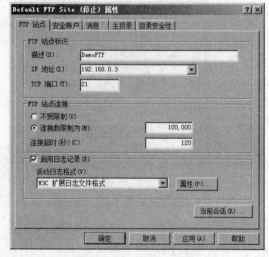

图 4-61　绑定的 IP 地址

（4）切换到"主目录"选项卡，点击"浏览"按钮进行路径选择，如本例将主目录的路径设置为 c:\ftp，如图 4-62 所示。

（5）切换到"安全账户"选项卡，默认情况下允许匿名登录，如果取消选中"允许匿名连接"复选框，则需要使用账号密码方式登录。这里选中"允许匿名连接"复选框，如图 4-63 所示。

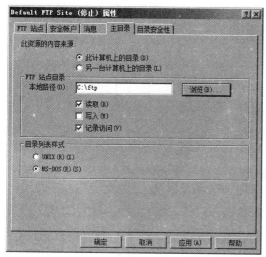

图 4-62　主目录

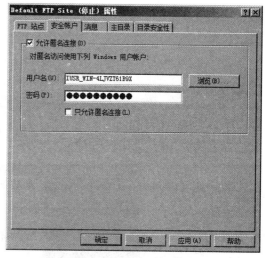

图 4-63　允许匿名连接

（6）点击"启动"按钮，弹出"IIS6 管理器"对话框，点击"是"，如图 4-64 所示，配置完成。

图 4-64　启动

（四）配置隔离用户 FTP 服务器

（1）点击"开始"→"管理工具"，选择"Internet 信息服务（IIS）管理器"，弹出"Internet 信息服务（IIS）管理器"页面，选中"FTP 站点"，在中间窗口点击"点击此处启动"链接，弹出"Internet 信息服务（IIS）6.0 管理器"页面。

（2）右键点击"DemoFTP"，选择快捷菜单中的"停止"命令，停止该 FTP 服务，如图 4-65 所示。

（3）右键点击 FTP 站点，从弹出的快捷菜单中依次选择"新建"→"FTP 站点"命令，进入"FTP 站点创建向导"界面，如图 4-66 所示。

（4）点击"下一步"，弹出"FTP 站点描述"对话框，输入 FTP 站点的名称信息，本例中输入"用户隔离 FTP"，如图 4-67 所示。

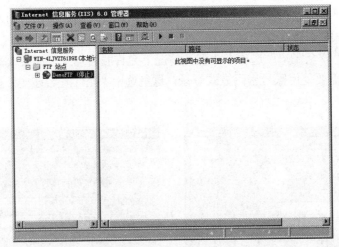

图 4-65　FTP 的停止

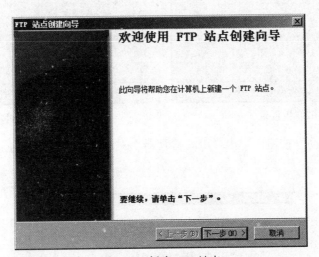

图 4-66　新建 FTP 站点

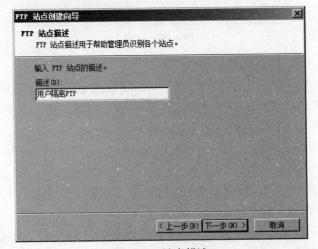

图 4-67　站点描述

（5）点击"下一步"，弹出"IP 地址和端口设置"对话框，在"输入此 FTP 站点使用的 IP 地址"下拉列表框中选择绑定的 IP 地址 192.168.0.3，设置默认的 TCP 端口号 21，如图 4-68 所示。

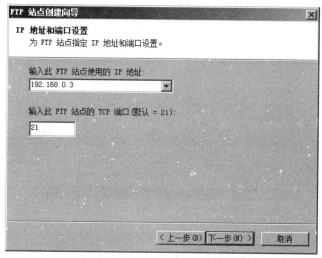

图 4-68　输入此 FTP 站点使用的 IP 地址

（6）点击"下一步"，弹出"FTP 用户隔离"对话框，选择"隔离用户"单选按钮，如图 4-69 所示。

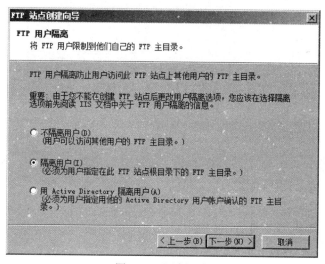

图 4-69　隔离用户

（7）点击"下一步"，弹出"FTP 站点主目录"对话框，点击"浏览"按钮进行路径选择，如本例将主目录的路径设置为 c:\ftp。如图 4-70 所示。

（8）点击"下一步"，弹出"FTP 站点访问权限"对话框，依次勾选"读取""写入"复选框，如图 4-71 所示。点击"下一步"，最后点击"完成"按钮，结束 FTP 站点的架设。

（9）进入系统桌面，右键点击"计算机"，在快捷菜单中选择"管理"命令，弹出"服务器管理器"界面，依次展开"配置"→"本地用户和组"→"用户"，如图 4-72 所示。

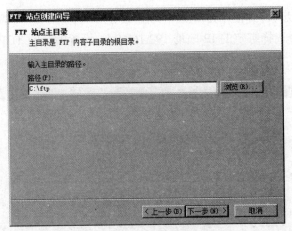

图 4-70　主目录的路径设置

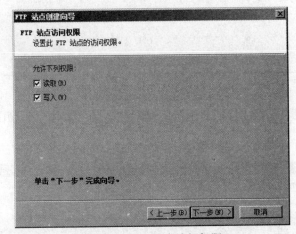

图 4-71　FTP 站点访问权限

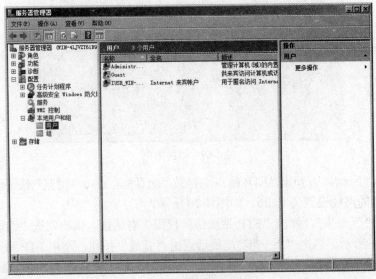

图 4-72　本地用户和组

（10）右键点击"用户"，在快捷菜单中选择"新用户"命令，弹出"新用户"对话框，输入用户名为 gaoceng，设置相应的密码，将"用户下次登录时须更改密码"复选框的选中状态取消，同时选中"用户不能更改密码"与"密码永不过期"复选框，点击"创建"按钮，如图 4-73 所示。

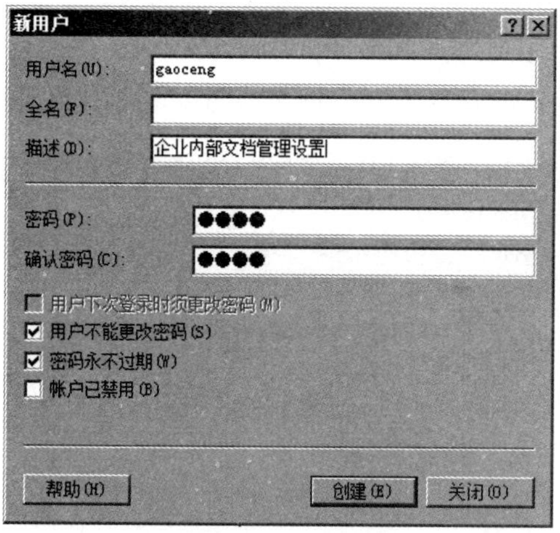

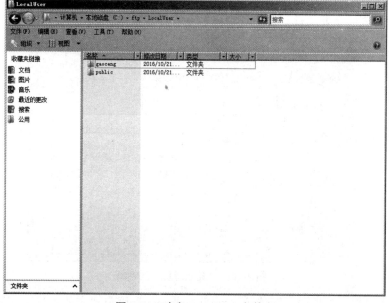

图 4-73　用户密码

（11）在主 FTP 目录下建立相应文件夹，并建立不同文件内容。注意，我们的主目录是 c:\ftp，因为选择的是用户隔离模式，所以要在主目录下建立 LocalUser 文件夹，然后在其下建立与各个用户名相同的文件夹。本例需要在 LocalUser 文件夹下建立命名为"gaoceng"的文件夹。如果希望架设成功的 FTP 站点具有匿名登录功能，就必须在 LocalUser 文件夹下创建一个 public 文件夹，日后访问者通过匿名方式登录 FTP 站点，只能浏览到 public 子目录中内容，如图 4-74 所示。

图 4-74　建立 LocalUser 文件夹

（12）在企业网络的客户端上，利用 IE 浏览器，以匿名方式登录创建好的 FTP 站点，显示的是 public 文件夹下的内容，以账号"gaoceng"登录进该 FTP 站点，则显示的是"gaoceng"文件夹下的内容。

（五）FTP 服务器的测试与使用

以下操作是建立在隔离用户 FTP 服务器构建完成的基础上。

（1）打开 IE 浏览器，在地址栏输入 ftp://192.168.0.3，直接登录，表明以"匿名"身份访问 FTP 站点，如图 4-75 所示，这是公司内部员工可以匿名登录 FTP 下载的企业公共文件。

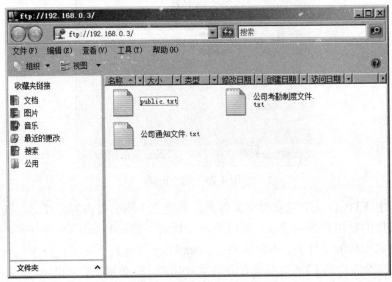

图 4-75　以匿名身份访问 FTP 站点

（2）点击"文件"→"登录"，弹出"登录身份"对话框，在"用户名"填入"gaoceng"，在"密码"处填入相应密码，如图 4-76 所示，这是高层管理人员使用自己的账户登录 FTP 服务器可以下载看到的企业文件。

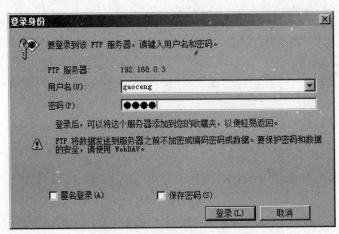

图 4-76　"登录身份"对话框

（3）点击"登录"按钮，即能访问到以"gaoceng"用户建立的主目录，如图 4-77 所示。

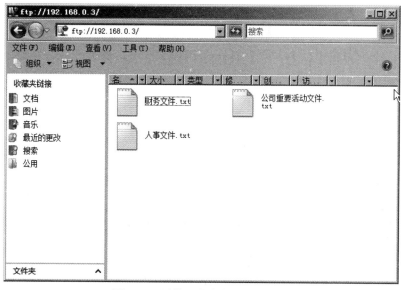

图 4-77　浏览器成功访问 FTP 站点

4.5　拓展任务

拓展任务 1　根据要求在一台服务器构建两个 Web 站点

1. 若要在计算机 Cxx 上使用 IIS 创建两个 Web 站点，这两个站点的 IP 地址均为 192.168.1.2。请问有几种方法可以实现？

2. 将计算机 Cyy 作为客户端，使用浏览器访问 Cxx 上的两个站点中的网页。

3. 模拟测试一下，检验是否可以访问成功。若在配置过程中遇到问题，将其记录并解决，写在实验报告中。

拓展任务 2　根据要求创建 FTP 站点

1. 某高校的一个机房内有 2 名教师上课，分别是 "电子商务" 和 "网络基础" 课程。现要求在教师用计算机上创建 FTP 站点，课程 "电子商务" 的主目录设置为 "d:\ec"，课程 "网络基础" 的主目录设置为 "e:\web"。

2. 创建完成后，在客户端上模拟测试一下，检验是否可以成功访问站点。若在配置过程中遇到问题，将其记录并解决，写在实验报告中。

项目五　Linux 网络服务配置

5.1　项目情景

Linux 以其开源、免费、高效和稳定性的独特优势，常用来作为构建企业服务器。现某公司想要构建 Linux 服务器，以便为今后构建 LAMP（Linux+Apache+PHP+MySQL）的环境配置作准备，需要在 Linux 服务器操作系统上配置 Web、DNS、DHCP 等服务，实现公司网站构建与发布。

5.2　项目分析

Web 服务器的种类很多，目前主要流行的有两种：Apache 和 IIS。Apache HTTP Server（简称 Apache）是 Apache 软件基金会的一个开放源码的网页服务器，可以在大多数计算机操作系统中运行，由于其跨平台和安全性被广泛使用，是最流行的 Web 服务器端软件之一。

Apache 源于 NCSA httpd 服务器，经过多次修改，成为目前世界上最流行的 Web 服务器软件之一。Apache 取自 "a patchy server" 的读音，意思是充满补丁的服务器，因为它是自由软件，所以不断有人来为它开发新的功能、新的特性，修改原来的缺陷。Apache 的特点是简单、速度快、性能稳定，并可做代理服务器来使用。

在 Linux 中，域名服务是由 BIND（Berkeley Internet Name Domain，伯克利网间域名）软件实现。BIND 是一个 C/S 系统，其客户端称为转换程序（resolver），它负责产生域名信息的查询，将这类信息发送给服务器端。BIND 的服务器端是一个称为 named 的守护进程，它负责回答转换程序的查询，作为 DNS 客户端，第一步是在用户的计算机上配置客户端程序（转换程序），即向域名服务器获得域名解析/逆向解析服务。

本项目在学会安装 Linux 操作系统和基本使用的基础上，主要学习 DNS、Apache、Web 服务的配置与应用。

5.3　知识准备

一、Linux DNS 服务

DNS 是指域名服务器（Domain Name Server）。在 Internet 上域名与 IP 地址之间是一一对应的，域名虽然便于人们记忆，但机器之间只能互相认识 IP 地址，它们之间的转换工作称为域名解析，域名解析需要由专门的域名解析服务器来完成，DNS 就是进行域名解析的服务器。

一些标记解释：

@——这个符号意味着 SOA 与域是一样的。

IN——IN 是提供 IP 地址的域名类，当与 A、PTR 或 CNAME 记录一起使用时可将域名映射为 IP 地址，反之一样。

NS——域名服务器指定的区域 DNS 服务器的域名或 IP 地址。

MX——MX 记录定义何种机器来为域或单个主机传送电子邮件，为域定义就是告诉每个人将邮件发送给该域中要与之通信的人或机器。

SOA（Start Of Authority）——指明其后的域名定义了主域名服务器及该域的联系点的电子邮件地址。

PTR——将 IP 地址映射为主机名，PTR 记录执行与 A 记录相反的过程。

A——将主机名映射为其 IP 地址。

先从 http://www.isc.org/products/BIND/下载 BIND 安装包或者从安装光盘中/cdrom/RedHat/RPM 可以找到相关的安装包。

二、Linux Web 服务

Apache 是目前排名第一的 Web 服务器软件，它可以运行在绝大部分的计算机平台上。Linux Apache Web 服务同样遵从 HTTP 协议，默认的 TCP/IP 端口是 80，客户端与服务器的通信过程简述如下：

（1）客户端（浏览器）和 Web 服务器建立 TCP 连接，连接建立以后，向 Web 服务器发出访问请求（如 get）。根据 HTTP 协议，该请求中包含了客户端的 IP 地址、浏览器的类型和请求的 URL 等一系列信息。

（2）Web 服务器收到请求后，将客户端要求的页面内容返回到客户端。如果出现错误，则返回错误代码。

（3）断开与远端 Web 服务器的连接。

三、Linux DHCP 服务

DHCP 基于客户/服务器模式。当 DHCP 客户端启动时，它会自动与 DHCP 服务器通信，由 DHCP 服务器为 DHCP 客户端提供自动分配 IP 地址的服务。安装了 DHCP 服务软件的服务器称为 DHCP 服务器，而启用了 DHCP 功能的客户端称为 DHCP 客户端。DHCP 服务器是以地址租约的方式为 DHCP 客户端提供服务的，它有以种方式：限定租期和永久租用。

5.4　任务分解

任务 1　Linux 搭建 DNS 服务器

一、任务目的

1．掌握 RPM 安装 BIND 的方法。
2．掌握 Linux DNS 服务器的基本配置。
3．掌握 Linux DNS 服务器的启动方法。
4．掌握 Linux DNS 服务器的测试方法。

二、任务描述

假定用户建立的 DNS 服务器所管辖的域名为 redflag.com，对应的子网 IP 地址是 192.168.0.0，域名服务器的 IP 地址为 192.168.0.100，请为该 Red Hat Linux 9 系统安装和配置 DNS 服务。

三、任务实现

（一）预备知识

BIND 是一款开放源码的 DNS 服务器软件，Bind 由美国加州大学 Berkeley 分校开发和维护，全名为 Berkeley Internet Name Domain，它是目前世界上使用最为广泛的 DNS 服务器软件，支持各种 UNIX 平台和 Windows 平台。

BIND 软件可以去其官方网站下载：http://www.isc.org/index.pl/sw/bind/; 帮助文档：http://www.isc.org/index.pl/sw/bind/有该软件比较全面的帮助文档。FAQ：http://www.isc.org/index.pl/sw/bind/回答了该软件的常见问题。配置文件样例：http://www.bind.com/bind.html提供了一些比较标准的配置文件样例。

（二）安装 BIND

由其官方网站下载其源码软件包 bind-9.3.1. tar.gz。

[root@localhost root]#tar xzvf bind-9.3.1. tar.gz

[root@localhost root]#cd bind-9.3.1

[root@localhost bind-9.3.1]#./configure

[root@localhost bind-9.3.1]#make

[root@localhost bind-9.3.1]#make install

以上各命令解释：

tar xzvf bind-9.3.1.tar.gz 解压缩软件包。

./configure 针对机器作安装检查和设置，大部分工作是由机器自动完成的，但是用户可以通过参数来完成一定的设置，其常用选项有：

./configure --help 查看参数设置帮助。

--prefix=指定软件安装目录（默认/usr/local/）。

--enable-ipv6 支持 IPv6。

可以设置的参数很多，需要的话可以通过-help 查看，一般情况下，默认设置就可以了。

默认情况下，安装过程是不会建立配置文件和一些默认的域名解析的，不过并不妨碍，可以下载一些标准的配置文件（http://www.bind.com/bind.html），也可以使用本文所提供的样例文件。

默认情况下，安装的 deamon 为/usr/local/sbin/named。

默认的主配置文件为/etc/named.conf（须手动建立）。

（三）BIND 的配置

1. 配置启动文件/etc/named.conf

该文件是域名服务器守护进程 named 启动时读取到内存的第一个文件。在该文件中定义了域名服务器的类型、所授权管理的域、相应数据库文件及其所在的目录。

```
//file /etc/named.conf
options {
directory "/var/named";
// query-source address * port 53;
notify no;
forwarders{
            202.96.134.133;
                };
};
zone "." IN {
type hint;
file "named.ca";
};
zone "0.0.127.in-addr.arpa" IN {
type master;
file "named.local";
allow-update { none; };
};
//以下为新添加的部分
zone "redflag.com" IN {
type master;
file "named.hosts";
allow-update { none; };
};
zone "0.168.192.in-addr.arpa" IN {
type master;
file "named.192.168.0";
allow-update { none; };
};
```

注意：配置文件代码中，不能省去任何一个符号。

2．创建/var/named/named.ca

在 Linux 系统上，通常在/var/named 目录下已经提供了一个 named.ca 文件，该文件中包含了 Internet 的顶层域名服务器，但这个文件通常会有变化，所以建议最好从 InterNIC 下载最新的版本。可以通过匿名 FTP 下载该文件。

注意：此步骤可以省去。

3．新创建/var/named/named.hosts

该文件指定了域中主机域名同 IP 地址的映射。内容如下：

```
;file named.hosts
$TTL    86400
@       IN SOA  a100.redflag.com.   root.redflag.com. (
                2001110600 ; serial
                28800 ; refresh
                14400 ; retry
                3600000 ; expire
                86400 ; minimum
```

```
                    )
                    IN    NS    a100.redflag.com.
                    IN    MX    10a100.redflag.com.
localhost.          IN    A     127.0.0.1
a100                IN    A     192.168.0.100
a101                IN    A     192.168.0.101
a102                IN    A     192.168.0.102
a103                IN    A     192.168.0.103
a104                IN    A     192.168.0.104
www IN                    CNAME a100
ftp          IN           CNAME a100
```

4. 创建/var/named/named.192.168.0

注意：该文件也需要新创建。

该文件主要定义了IP地址到主机名的转换。IP地址到主机名的转换是非常重要的，Internet上很多应用如 NFS、Web 服务等都要用到该功能。内容如下：

```
;file named.10.1.14
                $TTL    86400
@     IN    SOA a100.redflag.com.        root.a100.redflag.com. (
                2001110600 ; serial
                28800 ; refresh
                14400 ; retry
                3600000 ; expire
                86400 ; minimum
                )
                IN    NS    a100.redflag.com.
100             IN    PTR   a100.redflag.com.
101             IN    PTR   a101.redflag.com.
102             IN    PTR   a102.redflag.com.
103             IN    PTR   a103.redflag.com.
104             IN    PTR   a104.redflag.com.
```

5. 创建/var/named/named.local

该文件用来说明"回送地址"的 IP 地址到主机名的映射。内容如下：

```
;file named.local
$TTL    86400
@        IN    SOA a100.redflag.com.        root.a100.redflag.com. (
                2001110600 ; serial
                28800 ; refresh
                14400 ; retry
                3600000 ; expire
                86400 ; minimum
                )
                IN    NS    a100.redflag.com.
1               IN    PTR   localhost.
```

6. 相关配置文件

与域名服务器配置相关的文件主要包括如下两个：

（1）/etc/resolv.conf

注意：该文件也需要新创建。

该文件用来告诉解析器调用的本地域名、域名查找的顺序以及要访问域名服务器的 IP 地址。内容如下：

```
domain   redflag.com
nameserver   192.168.0.100
search   redflag.com
```

（2）/etc/nsswitch.conf

注意：该步骤也可以省去，查看有没有该文件。

操作系统使用了很多关于主机、用户、组等信息的数据库。这些数据库的数据存在于不同的文件中。例如，主机名和主机 IP 地址可能存在于/etc/hosts、NIS、NIS+或 DNS 中。对于每个数据库，可以使用多个源文件，这些源文件和它们的查询顺序就是在/etc/nsswitch.conf 文件中指定的。该文件中和域名服务有关的一项是"hosts"。内容如下：

```
#
# /etc/nsswitch.conf
passwd:          files nisplus nis
shadow:          files nisplus nis
group:           files nisplus nis

#hosts:          db files nisplus nis dns
hosts:           files dns nisplus nis
bootparams:      nisplus [NOTFOUND=return] files
ethers:          files
netmasks:        files
networks:        files
protocols:       files nisplus nis
rpc:             files
services:        files nisplus nis
netgroup:        files nisplus nis
publickey:       nisplus
automount:       files nisplus nis
aliases:         files nisplus
```

7．DNS 服务器的启动

手工方法，具体的命令如下：

（1）启动。

```
[root@redflag /root]# /etc/rc.d/init.d/named start
```

或

```
[root@redflag /root]#service named start
```

（2）重启动。

```
[root@redflag /root]# /etc/rc.d/init.d/named restart
```

或

```
[root@redflag /root]#service named restart
```

（3）停止。

```
[root@redflag /root]# /etc/rc.d/init.d/named stop
```
或
```
[root@redflag /root]#service named stop
```

（4）查看状态。
```
[root@redflag /root]# service named status
```

8．DNS 服务器的测试

配置好 DNS 并启动 named 进程后，应该对 DNS 进行测试。BIND 软件包提供了三个工具：nslookup、ping 和 host。其中最常用的是 nslookup。下面将分别使用这三个命令对 DNS 进行测试。

第一：nslookup 查找命令

（1）检查正向 DNS

① 查找主机。
```
[root@redflag /root]#nslookup
>a100.redflag.com
Server:      192.168.0.100
Address:     192.168.0.100   #53
Name:        a100.redflag.com
Address:     192.168.0.100
```
该命令用来查找主机 a100.redflag.com 的 IP 地址。

② 查找域名信息。
```
[root@redflag /root]#nslookup
>set type=ns
>redflag.com
Server:          192.168.0.100
Address:         192.168.0.100 #53
redflag.com      nameserver = a100.redflag.com.
```

（2）检查反向 DNS

假如要查找 IP 地址为 192.168.0.100 的域名，输入：
```
[root@redflag /root]#nslookup
>set type=ptr
>192.168.0.100
Server:      192.168.0.100
Address:     192.168.0.100 #53
100.0.168.192.in-addr.arpa    name = a100.redflag.com.
```

第二：host 命令

host 命令用来做简单的主机名的信息查询，在缺省情况下，host 只在主机名和 IP 地址之间进行转换。

查找 a101.redflag.com 主机的信息，操作如下：
```
[root@redflag /root]#host a101.redflag.com
a101.redflag.com has address 192.168.0.101
```

第三：ping 命令
```
[root@redflag /root]# ping   a100.redflag.com
```
看能否 ping 通？

任务 2　Linux 搭建 Web 服务器

一、任务目的

1. 了解 Linux Apache Web 服务器的概念。
2. 学会 Apache 的安装和启动。
3. 学会查看 httpd.conf 文件。
4. 掌握 Apache Web 的个人主页配置与测试。

二、任务描述

本任务实验环境是已经建立好互连接的 PC 机。可以选择一台安装有 Linux 操作系统的 PC 机作为服务器，IP 地址为 192.168.0.1，另一台作为客户端；也可以在一台 PC 机上实现，Linux 9.0 虚拟机作服务器，Windows 2003 作客户端，测试使用。

三、任务实现

（一）安装 Apache 服务

网上免费下载 Apache 的最新版本，本例是 apache_1.3.27.tar.gz 文件，存放在/root 目录下。

（1）解压缩并进入到解压缩目录

```
[root@redflag /root]#tar zxvf apache_1.3.27.tar.gz -C /root/apache
```

将压缩文件解压到指定的目录中。

```
[root@redflag /root]#cd apache_1.3.27
```

（2）确定安装 Apache 的路径并编译

Apache 默认安装的路径是/usr/local/apache，用户也可以根据自己的需要指定。

```
[root@redflag apache_1.3.27]#./configure --prefix=/usr/apache
[root@redflag apache_1.3.27]#make
```

（3）安装 Apache

```
[root@redflag apache_1.3.27]#make install
```

清除编译时创建的对象文件，使用命令：

```
[root@redflag apache_1.3.27]#make clean
```

（二）启动与测试 Apache

成功安装好 Apache 之后，会在安装目录下生成一个 bin 目录，Apache 的主要运行脚本都在该目录下，运行命令时一定要能够进到该目录里。

（1）启动 Apache 服务器

```
[root@redflag /root]#cd /usr/apache/bin
[root@redflag bin]#./apachectl start
```

也可以使用如下命令方式启动，在任何目录下执行：

```
/usr/sbin/./httpd -k start
```

或者

```
/service httpd start
```

启动成功后，在浏览器中输入本机 IP 地址，将会看到 Apache 的默认页面，如图 5-1 所示。

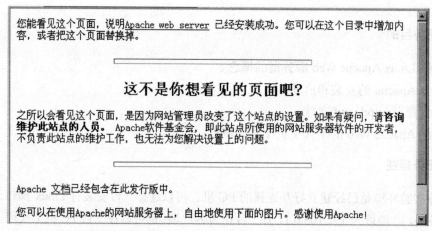

您能看见这个页面，说明 `Apache web server` 已经安装成功。您可以在这个目录中增加内容，或者把这个页面替换掉。

这不是你想看见的页面吧？

之所以会看见这个页面，是因为网站管理员改变了这个站点的设置。如果有疑问，请**咨询维护此站点的人员。** Apache软件基金会，即此站点所使用的网站服务器软件的开发者，不负责此站点的维护工作，也无法为您解决设置上的问题。

Apache 文档已经包含在此发行版中。

您可以在使用Apache的网站服务器上，自由地使用下面的图片。感谢使用Apache！

图 5-1　Apache 的默认页面

（2）停止 Apache 服务器

[root@redflag bin]#./apachectl stop

或者

/usr/sbin./httpd –k stop

或者

/service httpd stop

说明：本例选用的是字符界面下的 Apache 服务安装与测试，用户还可选用图形界面进行，如在主菜单中选择"系统设置"→"服务器设置"→"服务"选项，控制 Apache 服务器的运行和停止，如图 5-2 所示。

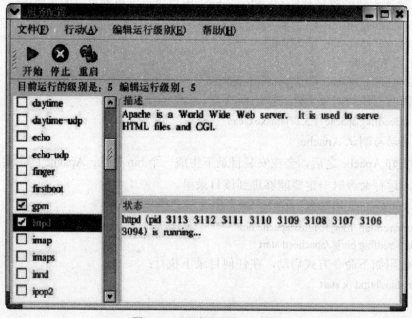

图 5-2　"服务配置"对话框

（三）Apache 的主要配置

Apache 服务器的三个配置文件位于"/etc/httpd/conf"目录下，分别是 httpd.conf、access.conf 和 srm.conf。httpd.conf 提供了最基本的服务器配置，是对守护程序 httpd 如何运行的技术描述；srm.conf 是服务器的资源映射文件，告诉服务器各种文件的 MIME 类型，以及如何支持这些文件；access.conf 用于配置服务器的访问权限，控制不同用户和计算机的访问限制。这三个配置文件控制着服务器的各个方面的特性，因此为了正常运行服务器便需要设置好这三个文件。在 Red Hat Linux 9.0 中，所有配置选项都被放在 httpd.conf 中。

（1）Listen 80　　　　　　　#设置 Apache 监听的 IP 地址和端口号

Apache 默认会在本机所有可用 IP 地址的 TCP 80 端口监听客户端的请求。可以使用多个 Listen 语句，以便在多个地址和端口上监听请求。

【例】设置服务器只监听 IP 地址为 192.168.16.177 的 80 端口和 192.168.16.178 的 8080 端口请求，可以使用以下配置语句。

　　　　Listen 192.167.16.177:80
　　　　Listen 192.168.16.178:8080

如果将 Apache 监听的 TCP 端口号改为 80 以外的端口，那么用户在 Web 浏览器中需要手动指定 TCP 端口号和 HTTP 协议才能访问该站点。例如，将一个域名为 www.benjamin.my 的 Web 站点的 TCP 端口号改为 8080，则用户在浏览器的地址栏中必须输入 http://www.example.com:8080。如果不是特殊用途则不要修改成其他的端口。

（2）ServerRoot "/etc/httpd"　　　#配置文件相对根目录，不要修改

相对根目录通常是 Apache 存放配置文件和日志文件的地方。在缺省的情况下，相对根目是/etc/httpd，它一般包含"conf"和"logs"子目录。如果你在"/etc/httpd"下用 ls 看一下会发觉默认设置好连接文件了，像"/etc/httpd/logs"链接到了"/var/log/httpd"这个文件夹，所以最好不要修改它。

（3）DocumentRoot "/var/www/html"　　#设置主目录的路径

Apache 服务器主目录的默认路径位于/var/www/html，可以将需要发布的网页放在这个目录下。不过也可以将主目录的路径修改为其他目录，以方便管理和使用。这个目录很重要，因为它规范了 WWW 服务器主网页放置的目录，可以修改它，也可以通过 Directory 规范目录权限。

【例】将 Apache 服务器主目录路径设为"/home/www"。

　　DocumentRoot "/home/www "

（4）ServerName www.benjamin.my　　　　#设置服务器主机名称

　　www.abc.com. IN A 192.168.1.2
　　www.xyz.com. IN A 192.168.1.2

为了方便 Apache 识别服务器自身的信息，可以使用 ServerName 语句来设置服务器的主机名称。在 ServerName 语句中，如果服务器有域名，则填入服务器的域名，如果没有域名，则填入服务器的 IP 地址。如果没有设置的话，默认会以你的 Host Name 为依据。

（5）DirectoryIndex index.html index.html.var　　　#设置默认文档

默认文档是指在 Web 浏览器中键入 Web 站点的 IP 地址或域名即显示出来的 Web 页面，如果用户在浏览时没有指出所要浏览的网页文件名，所在目录既没有设置默认文档，也没有设置允许目录浏览，则会出现"403 Forbidden"的错误信息

【例】添加 index.htm 和 index.php 文件作为默认文档。

```
DirectoryIndex index.html index.htm index.php index.html.var
<Directory "/">
    Options FollowSymLinks
</Directory>
```

这个设置值是针对 WWW 服务器的默认环境，保持默认就可以了

```
<Directory "/var/www/html">
        Options Indexes MultiViews
        AllowOverride None
        Order allow，deny
        Allow from all
</Directory>
```

（6）Order allow,deny

Order 选项用于定义缺省的访问权限与 allow 和 deny 语句的处理顺序。allow 和 deny 语句可以针对客户端的域名或 IP 地址进行设置，以决定哪些客户端能够访问服务器。Order 语句通常设置为以下两种值之一。

allow, deny：缺省禁止所有客户端的访问，且 allow 语句在 deny 语句之前被匹配。如果某条件既匹配 deny 语句又匹配 Allow 语句，则 deny 语句会起作用（因为 deny 语句覆盖了 allow 语句）。

deny, allow：缺省允许所有客户端的访问，且 deny 语句在 allow 语句之前被匹配。如果某条件既匹配 deny 语句又匹配 allow 语句，则 allow 语句会起作用（因为 allow 语句覆盖了 deny 语句）。下面举一些例子来说明 Order、allow 和 deny 语句的使用方法。

【例】允许所有客户端的访问

```
Order allow，deny
Allow from all
```

【例】不允许 192.168.2.0/24 这个网段的人访问

```
Orser allow,deny
Allow from all
deny form 192.168.2.0/24
```

说明：用文本编辑器打开该文件后，查看各项基本配置情况，要想让某一项生效只需把前面的"#"去掉。每次改动过后不要忘记重启服务器，如执行命令 service httpd restart。

（四）实现用户个人主页服务

Apache 除了提供最基本的 Web 服务之外，还可以实现个人主页服务、虚拟主机和代理服务。很多网站都允许用户有自己的主页空间，方便用户管理自己的主页目录。用户个人主页的 URL 格式一般为：http://www.mydomain.com/~username，其中，"~username"是 Linux 合法用户的名字。用户的主页存放目录由 httpd.conf 文件的主要设置参数 UserDir 设定，一般情况下 UserDir 的值是"public_html"，当然用户也可以根据自己的需要来设定。

本任务仅以用户个人主页服务为例，并且 UserDir 的值设置为 public_html，用户名为 test，具体实现步骤如下：

（1）修改用户的主目录权限。

```
[root@redflag /root]#chmod 705 /home/test
```

（2）创建存放用户主页的目录。

[root@redflag /root]#mkdir /home/test/public_html

（3）创建索引文件 index.html。

[root@redflag /root]#cd /home/test/public_html

[root@redflag /root]#vi index.html //用文本编辑器 vi 或 gedit 编写一个个人主页，保存在
/home/test/public_html 中，内容如下：

```
<html>
<body>
<p align="center"> </p>
<p align="center"> 这是一个测试主页</p>
<p align="center"> </p>
<p align="center"> 如果看到这个页面的话，说明 Apache 已经启动而且正在工作了</p>
<p align="center"> </p>
<p align="center"> </p>
<p align="center"> </p>
<p align="center"> </p>
</body>
</html>
```

（4）启动 Apache 并测试

[root@redflag /root]#service httpd start

在客户端 PC 机的浏览器地址栏输入 Apache 服务器的 IP 地址 192.168.0.1，如果打开如图
5-3 所示的浏览器窗口，说明 Apache 服务器已经成功安装并正常运行。

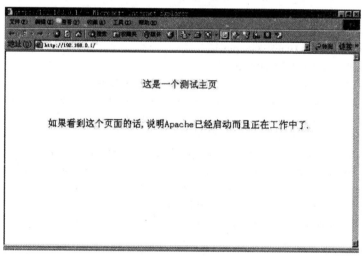

图 5-3 浏览器窗口

任务 3 Fedora 8 下 DHCP 服务的安装与配置

一、任务目的

1. 了解 Linux DHCP 配置文件。

2. 掌握 DHCP 的安装和启动。

3．学会查看 httpd.conf 文件。

4．掌握 httpd.conf 的配置与测试。

二、任务描述

在局域网中安装有一台 Linux 服务器，打算为其配置 DHCP 服务，服务器控制一段 IP 地址范围，如 192.168.1.100～192.168.1.110，客户端登录服务器时就可以自动获得服务器分配的 IP 地址和子网掩码。让 DHCP 服务器来指定 DNS 域名为"jw.com"，IP 地址为 192.168.1.6，默认网关为 192.168.1.1，子网 IP 为 192.168.1.0，掩码为 255.255.255.0，如何搭建这样一台 DHCP 服务器？

三、任务实现

（一）预备知识

DHCP 服务是通过"/usr/sbin/dhcpd"提供的。在 DHCP 服务器启动时，dhcpd 要读取 dhcpd.conf 文件的内容（dhcpd.conf 保存的是 DHCP 服务器的配置信息）。dhcpd 将客户端租用的信息保存在 dhcpd.lease 文件中。在 DHCP 服务器为客户提供 IP 地址之前，将在这个文件中记录租用的信息。新的租用信息会添加到 dhcpd.leases 的尾部。为了向一个子网提供 DHCP 服务，dhcpd 需要知道子网的网络号码和子网掩码，还有地址范围等等。

（二）安装准备

```
[root@localhost etc]# cd /media/Fedora\ 8\ i386\ DVD/Packages/
[root@localhost Packages]# find . -name "*dhcp*"
./dhcpv6-client-0.10-51.fc8.i386.rpm
./libdhcp-1.27-3.fc8.i386.rpm
./libdhcp4client-3.0.6-10.fc8.i386.rpm
./libdhcp6client-0.10-51.fc8.i386.rpm
[root@localhost Packages]# rpm -ivh libdhcp-1.27-3.fc8.i386.rpm
warning: libdhcp-1.27-3.fc8.i386.rpm: Header V3 DSA signature: NOKEY, key ID 4f2a6fd2
Preparing... ######################################### [100%]
package libdhcp-1.27-3.fc8 is already installed
[root@localhost Packages]# rpm -ivh libdhcp4client-3.0.6-10.fc8.i386.rpm
warning: libdhcp4client-3.0.6-10.fc8.i386.rpm: Header V3 DSA signature: NOKEY, key ID 4f2a6fd2
Preparing... ######################################### [100%]
package libdhcp4client-3.0.6-10.fc8 is already installed
```

接下来要安装 dhcp-3.0.6-10.fc8.i386.rpm。

（三）DHCP 安装方法一

Fedora 8（32 位）在默认安装下是没有安装 DHCP 的，并且安装盘中也没有 dhcp-3.0.6-10.fc8.i386.rpm 安装包，这时就只能通过网络安装，在此推荐用 yum 命令来完成。

1．网络配置（保存网络的畅通）

（1）设置 IP 地址

```
ifconfig eth0 192.168.1.10 netmask 255.255.255.0
```

（2）设置网关

```
route add default gw 192.168.1.1
```

（3）设置 DNS

　　60.191.244.5

2．编辑 repo 文件（以 fedora.repo 为例）

　　vi /etc/yum.repos.d/fedora.repo

将文件中的 Enabled 值设置为 1

Enabled=1（表示将使用该段中设置的网络镜像地址）

按此方法可有选择地对其余 repo 文件（在/etc/yum.repos.d 目录中）进行设置，也可增加自己知晓的网络镜像地址。

3．安装

输入命令：yum install dhcp

在出现提示"Is this ok[y/n]:"时输入 y，然后按 Enter 键，开始下载。之后再根据提示输入两次 y，按 Enter 键，分别导入密钥和开始安装，直到出现"Complete！"表示安装完成。

（四）DHCP 安装方法二

前提条件是 Fedora 8 的 DHCP 目录中有 dhcp-3.0.6-10.fc8.i386.rpm 安装包

　　[root@localhost DHCP]# rpm -ivh dhcp-3.0.6-10.fc8.i386.rpm

　　warning: dhcp-3.0.6-10.fc8.i386.rpm: Header V3 DSA signature: NOKEY, key ID 4f2a6fd2

　　Preparing... ### [100%]

　　1:dhcp ### [100%]

　　***

　　************************DHCP 配置文件 dhcpd.conf 的格式如下：

　　****************************

　　选项/参数 # 这些选项/参数全局有效

　　声明{

　　选项/参数 # 这些选项/参数局部有效

　　}

　　**

　　dhcpd.conf 文件中常用的声明及功能

　　****************************

　　声明 功能

　　shared-network 名称 {…} 定义超级作用域

　　subnet 网络号 netmask 子网掩码 {…} 定义作用域（或 IP 子网）

　　range 起始 IP 地址 终止 IP 地址 定义作用域（或 IP 子网）范围

　　host 主机名 {…} 定义保留地址

　　group {…} 定义一组参数

　　**

　　dhcpd.conf 文件中常用的参数及功能：

　　****************************

　　参数 功能

　　ddns-update-style 类型 定义所支持的 DNS 动态更新类型（必选）

　　allow/ignore client-updates 允许/忽略客户端更新 DNS 记录

　　default-lease-time 数字 指定默认的租约期限

　　max-lease-time 数字 指定最大租约期限

　　hardware 硬件类型 MAC 地址 指定网卡接口类型和 MAC 地址

　　server-name 主机名 通知 DHCP 客户端服务器的主机名

fixed-address IP 地址 分配给客户端一个固定的 IP 地址

****

dhcpd.conf 文件中常用的选项及功能：

****

subnet-mask 子网掩码 为客户端指定子网掩码

domain-name "域名" 为客户端指定 DNS 域名

domain-name-servers IP 地址 为客户端指定 DNS 服务器的 IP 地址

host-name "主机名" 为客户端指定主机名

routers IP 地址 为客户端指定默认网关

broadcast-address 广播地址 为客户端指定广播地址

netbios-name-servers IP 地址 为客户端指定 WINS 服务器的 IP 地址

netbios-node-type 结点类型 为客户端指定结点类型

ntp-server IP 地址 为客户端指定网络时间服务器的 IP 地址

nis-servers IP 地址 为客户端指定 NIS 域服务器的地址

nis-domain "名称" 为客户端指定所属的 NIS 域的名称

time-offset 偏移差 为客户端指定与格林尼治时间的偏移差

****

（五）DHCP 配置文件

DHCP 配置文件/etc/dhcpd.conf 默认是空的。

```
# DHCP Server Configuration file.
# see /usr/share/doc/dhcp*/dhcpd.conf.sample
```

所以必需把从/usr/share/doc/dhcp-3.0.6/dhcpd.conf.sample 拷贝到并改名为/etc/dhcpd.conf。

dhcpd.conf.sample 源文件内容：

```
[root@localhost dhcp-3.0.6]# more dhcpd.conf.sample
ddns-update-style interim;
ignore client-updates;
subnet 192.168.0.0 netmask 255.255.255.0 {
# --- default gateway
option routers 192.168.0.1;
option subnet-mask 255.255.255.0;
option nis-domain "domain.org";
option domain-name "domain.org";
option domain-name-servers 192.168.1.1;
option time-offset -18000; # Eastern Standard Time
# option ntp-servers 192.168.1.1;
# option netbios-name-servers 192.168.1.1;
# --- Selects point-to-point node (default is hybrid). Don't change this unless
# -- you understand Netbios very well
# option netbios-node-type 2;
range dynamic-bootp 192.168.0.128 192.168.0.254;
default-lease-time 21600;
max-lease-time 43200;
# we want the nameserver to appear at a fixed address
host ns {
next-server marvin.redhat.com;
hardware ethernet 12:34:56:78:AB:CD;
```

fixed-address 207.175.42.254;

    }

  }

（六）修改后 "/etc/dhcpd.conf" 的内容

ddns-update-style interim;

ignore client-updates;

subnet　192.168.1.0　netmask 255.255.255.0 { 注：修改

\# --- default gateway

option routers　192.168.1.1; 注：修改

option subnet -mask　255.255.255.0; 注：修改

option nis-domain　"jw.com"; 注：修改

option domain-name "jw.com"; 注：修改

option domain-name-servers 192.168.1.6; 注：修改

option time-offset -18000;

\# Eastern Standard Time

\# option ntp-servers 192.168.1.1;

\# option netbios-name-servers 192.168.1.1;

\# --- Selects point-to-point node (default is hybrid). Don't change this unless

\# -- you understand Netbios very well

\# option netbios-node-type 2;

range dynamic-bootp 192.168.1.100　192.168.1.110;注：定义地址池

default-lease-time 21600;

max-lease-time 43200;

\# we want the nameserver to appear at a fixed address

host ns {

next-server marvin.redhat.com;

hardware ethernet 12:34:56:78:AB:CD;

fixed-address 207.175.42.254;

  }

  }

（七）启动与关闭

[root@localhost etc]# /etc/rc.d/init.d/dhcpd start

注：启动 dhcpd

[root@localhost etc]# /etc/rc.d/init.d/dhcpd stop

注：停止 dhcpd

5.5　拓展任务

拓展任务 1　利用图形窗口界面配置 DNS 服务器

假设某企业需要配置 DNS 服务器，该网络中的服务器有：

DNS 服务器：192.168.1.?　dns.abc.com

Web 服务器：192.168.1. 250　　www.abc.com　别名：web.abc.com

FTP 服务器：192.168.1.251　　　　ftp. abc.com

MAIL 服务器：192.168.1.252　　　mail. abc.com

实现要求：

（1）建立正向搜索区域，为网络中各台服务器建立主机记录、别名记录。为网络建立邮件交换器记录，能够使得客户端根据主机域名搜索出服务器的 IP 地址。

（2）建立反向搜索区域，为网络各台服务器建立反向记录，使得客户端根据主机 IP 搜索出服务器的主机域名。

（3）为 WWW 服务器建立一个别名：web.abc.com。

请按照要求对该服务器进行配置，若在配置过程中遇到问题，将其记录并解决，写在实验报告中。

拓展任务 2　命令行模式下创建 Web 服务器

实现要求：在计算机 Cxx 上使用 Apache 创建两个 Web 站点，这两个站点的 IP 地址都为 192.168.1.自己的学号，端口号分别为 80、81。将计算机 Cyy 作为客户端，使用浏览器访问 Cxx 上的两个站点中的网页。

模拟测试一下，检验是否可以访问成功。若在配置过程中遇到问题，将其记录并解决，写在实验报告中。

拓展任务 3　Linux 下配置 NFS 服务器

（一）预备知识

网络文件系统（NFS，Network File System）是一种将远程主机上的分区（目录）经网络挂载到本地系统的一种机制，通过对网络文件系统的支持，用户可以在本地系统上像操作本地分区一样来对远程主机的共享分区（目录）进行操作。

在嵌入式 Linux 的开发过程中，开发者需要在 Linux 服务器上进行所有的软件开发，交叉编译后，通用 FTP 方式将可执行文件下载到嵌入式系统运行，但这种方式不但效率低下，且无法实现在线的调试。因此，可以通过建立 NFS，把 Linux 服务器上的特定分区共享到待调试的嵌入式目标系统上，就可以直接在嵌入式目标系统上操作 Linux 服务器，同时可以在线对程序进行调试和修改，大大地方便了软件的开发。因此，NFS 是嵌入式 Linux 开发的一个重要的组成部分，本部分内容将详细说明如何配置嵌入式 Linux 的 NFS 开发环境。

嵌入式 Linux 的 NFS 开发环境的实现包括两个方面：一是 Linux 服务器端的 NFS 服务器支持；二是嵌入式目标系统的 NFS 客户端的支持。因此，NFS 开发环境的建立需要配置 Linux 服务器端和嵌入式目标系统端。

NFS 是由 Sun 开发并发展起来的，用于在不同机器、不同操作系统之间通过网络互相分享各自的文件。NFS Server 也可以看作是一个 File Server，用于在类 UNIX 系统间共享文件，可以轻松地挂载（mount）到一个目录上，操作起来就像本地文件一样方便。

类型：System V-launched Service

软件包：nfs-utils

进程：nfsd,lockd,rpciod,rpc.{mounted,rquotad,statd}

脚本：nfs，nfslock

端口：111　　　　　　　　　　　　　　由 portmap 服务指派端口

配置文件：/etc/exports

辅助工具：portmap　　（必须）

相关命令：rpcinfo -p [IPADD]　　　　查看服务器提供的 rpc 服务

showmount　-e　　　　　　　　　　查看服务共享的目录

（二）具体实现

1．Server 端

（1）/etc/exports 格式：

　　　目录　选项

例：共享/share 目录给 192.168.0.x 的用户

　　/share 192.168.0.0/24 (rw)

　　/home/haiouc/haioucshare *(rw，sync，all_squash)

　　/mnt/cdrom 192.168.0.*(ro)　　　　　　　*指的是允许所有的 ip 访问；

　　对目录/home/haiouc/haioucshare　　　　　要给出一定的权限；

可以加载本地的光盘，然后用 nfs 共享给他人。

（2）启动 portmap 服务：

　　service portmap start[restart]

（3）启动 NFS 服务：

　　service nfs start[restart]

2．Client 端

（1）启动 portmap 服务：

　　service portmap start[restart]

（2）挂载服务器端的共享目录（假设服务器端 192.168.0.1）：

　　mkdir　/mnt/localshare

　　mount　-t nfs 192.168.0.1:/share /mnt/localshare

　　showmount　　　　　　　　　　　//显示关于 NFS 服务器文件系统挂载的信息

　　showmount -e　　　　　　　　　　//显示 NFS 服务器的输出清单

　　chkconfig --level 35 nfs on　　　　　//设置 NFS 自动启动方式；

（3）通过修改/etc/fstab 文件可以实现开机自动挂载 NFS 目录

　　[root@server6 nfs1]# cat /etc/fstab

　　# This file is edited by fstab-sync - see 'man fstab-sync' for details

　　LABEL=/ / ext3 defaults 1 1

　　none /dev/pts devpts gid=5,mode=620 0 0

　　none /dev/shm tmpfs defaults 0 0

　　none /proc proc defaults 0 0

　　none /sys sysfs defaults 0 0

　　LABEL=SWAP-hdc2 swap swap defaults 0 0

　　192.168.1.10:/home/haiouc/haioucshare /mnt/nfs1 nfs defaults 0 0

3．NFS 参数信息

（1）访问权限选项

设置输出目录只读 ro，设置输出目录读写 rw

（2）用户映射选项

．all_squash 将远程访问的所有普通用户及所属组都映射为匿名用户或用户组（nfsnobody）；

．no_all_squash 与 all_squash 取反（默认设置）；

．root_squash 将 root 用户及所属组都映射为匿名用户或用户组（默认设置）；

．no_root_squash 与 rootsquash 取反；

．anonuid=xxx 将远程访问的所有用户都映射为匿名用户，并指定该用户为本地用户（UID=xxx）；

．anongid=xxx 将远程访问的所有用户组都映射为匿名用户组账户，并指定该匿名用户组账户为本地用户组账户（GID=xxx）；

（3）其他选项

．secure 限制客户端只能从小于 1024 的 TCP/IP 端口连接 NFS 服务器（默认设置）；

．insecure 允许客户端从大于 1024 的 TCP/IP 端口连接服务器；

．sync 将数据同步写入内存缓冲区与磁盘中，效率低，但可以保证数据的一致性；

．async 将数据先保存在内存缓冲区中，必要时才写入磁盘；

．wdelay 检查是否有相关的写操作，如果有则将这些写操作一起执行，这样可以提高效率（默认设置）；

．no_wdelay 若有写操作则立即执行，应与 sync 配合使用；

．subtree 若输出目录是一个子目录，则 NFS 服务器将检查其父目录的权限（默认设置）；

．no_subtree 即使输出目录是一个子目录，NFS 服务器也不检查其父目录的权限，这样可以提高效率。

项目六　Internet 接入与局域网共享上网

6.1　项目情景

Internet 是一个相互衔接的信息网，它可以对成千上万的局域网（LAN，Local Area Network）、广域网（WAN，Wide Area Network）进行实时连接与信息资源共享。因此，有人将其称为全球最大的信息超市。Internet 常见功能有：

（1）电子邮件（Email，Electronic Mail）。

（2）文件传输（FTP，File Transfer Protocol——文件传输协议）。它是 Internet 上最主要的一种文件传输手段。FTP 的目的是为了在不同计算机之间传输文件，允许从 Internet 的 FTP 服务器向个人计算机上传和下载（Download）所有类型的文件。

（3）网络新闻（Network News 或称 UseNET）。实现有共同爱好的"网民"交流思想。

（4）Gopher 服务。内容包括：远程登录（telnet）信息查询、文本文件信息查询、多媒体信息查询、专有格式文件查询和电话簿查询等。

（5）WAIS 服务。WAIS 是基于关键词的 Internet 检索工具。通过将网络上的文献、数据作为索引，助记词只要在 WAIS 给出的信息资源列表中用光标选取希望查询的信息资源名称，并输入查询的关键词，系统就能自动地进行远程查询。

（6）WWW 服务。是一个基于超文本（Hypertext）方式的信息查询工具，也是目前 Internet 上唯一的多媒体服务。用户通过它，可得到文本、图像、声音、动画和虚拟现实的综合信息。

（7）多媒体（Multimedia）服务。包括：实时广播（RealAudio）、实时电视转播（Streamworks）和全球长途电话等。

随着 Internet 技术的不断发展，Internet 远不止以上所说的功能，还有许多其他方面的应用功能。如实时对话（RealTalk）、实时多人交谈（IRC，Internet Realy Chat）、联网游戏、网上求职、网上大学、电子商务、远程工作（Tele-Work）及未来远程办理一切（Tele-Everything）。

当今，人们通过上网浏览和获取信息已经成为工作和生活不可或缺的重要部分。现有一小区某单元有 10 户家庭，他们想搬入新家后能够使家里的台式电脑、笔记本电脑、手机和电视等都能连接到互联网（Internet）。如果在建筑施工阶段已经布置好网线（双绞线）及接入点，各电信运营商已经将电话线路和宽带光纤等通信设备接入到单元楼梯间，要实现各家庭的上网需求，可以选用哪几种方案？如何进行安装和配置？

6.2　项目分析

根据用户的上网需求，有如下几种方案供大家参考使用：

第一种选择，如果用户对上网的速度要求不高，不长时间上网又需要节省费用，采用普通电话（Modem）拨号上网方式。

第二种选择，如果要求更快的上网速度，利用现有入户的网线和接口，既能使台式电脑上网，又能通过创建的无线热点（WiFi）实现笔记本和手机共享 Internet 连接，这时可采取"ADSL 宽带拨号+无线路由器"方式上网。

第三种选择：若家庭里面都有多台电脑要上网，那么可以用"ADSL Modem＋代理服务器"方式或用 Windows 自带 ICS 功能实现上网。

第四种选择，如果单元内各家庭达成共识，决定利用单元楼梯间电信运营商安装好的宽带光纤、交换机和路由器设备实现共享上网。这种情况下还可以采取将单元用户组成局域网，再通过系统配置或代理服务器配置，实现各用户共享宽带连接上网的目的。

随着我国城市化建设的不断加快，住宅商品化和小区化程度空前提升，以宽带信息网络建设和小区智能管理建设为主要内容的智能小区概念正逐步得到认可。目前小区宽带的实现技术主要有三类，即 DSL（数字用户线技术）、HFC（有线电视线技术）和 FTTx＋LAN（以太网技术），对应的基础网络分别是电话线网络、有线电视网络和以太网。其中 FTTx＋LAN 技术作为 FTTH（光纤到户）实现前的过渡方案，采用光纤到小区/大楼，在小区/大楼内部再以双绞线以太网实现用户接入的方式，完美地解决了"最后一公里"的宽带接入问题。既可以满足高速互联网访问、网络电视以及 VoIP 等多种业务，同时又具备良好的可管理性，应用前景非常广阔。

6.3　知识准备

Internet 接入的常见方式有：

一、通过 Modem 拨号接入 Internet

计算机用户通过 Modem 接公用电话网络，再通过公用电话网络连接到 ISP，通过 ISP 的主机接入 Internet，在建立拨号连接以前，向 ISP（我国一般是当地电信部门）申请拨号连接的使用权，获得使用账号和密码，每次上网前需要通过账号和密码拨号。拨号上网方式又称为拨号 IP 方式，因为采用拨号上网方式，在上网之后会被动态地分配一个合法的 IP 地址。在用户和 ISP 之间要用专门的通信协议 SLIP 或 PPP。各设备连接方式如图 6-1 所示。

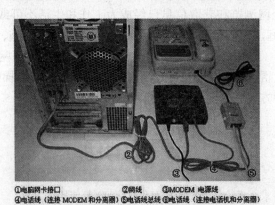

①电脑网卡接口　　　　②网线　　　③MODEM 电源线
④电话线（连接 MODEM 和分离器）⑤电话线总线⑥电话线（连接电话机和分离器）

图 6-1　Modem 的连接

拨号上网的投资不大，但功能比拨号仿真终端方法连入要强得多，适合一般家庭及个人用户使用，但速度慢，因为其受电话线及相关接入设备的硬件条件限制，一般在 56Kbps 左右。

二、通过 ISDN 接入 Internet

ISDN 是综合业务数字网络的缩写，是提供端到端的数字连接网络，除了支持电话业务外，还能支持网络中传输传真、数字和图像等业务。ISDN 专线接入又称为一线通，因为它通过一条电话线就可以实现集语音、数据和图像通信于一体的综合业务。就像普通拨号上网要使用 Modem 一样，用户使用 ISDN 也需要专用的终端设备连接到 ISP，主要由网络终端 NT1 和 ISDN 适配器组成。网络终端 NT1 好像有线电视上的用户接入盒一样必不可少，它为 ISDN 适配器提供接口和接入方式。ISDN 适配器和 Modem 一样又分为内置和外置两类，内置的一般称为 ISDN 内置卡或 ISDN 适配卡，外置的 ISDN 适配器则称之为 TA。ISDN 接入技术示意如图 6-2 所示。

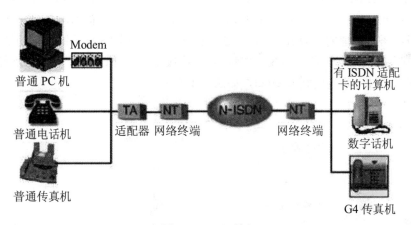

图 6-2　ISDN 接入

由于 ISDN 使用数字传输技术，因此 ISDN 线路抗干扰能力强，传输质量高且支持同时打电话和上网，速度快且方便，能支持多种不同设备，最高网速可达到 128Kbps。不过需要强调的是与拨号上网不同，这里在电话线上传输的是数字信号。

三、通过 DDN 专线接入 Internet

DDN 是数字数据网络的缩写，它是利用铜缆、光纤、数字微波或卫星等数字传输通道，提供永久或半永久连接电路，以传输数字信号为主的数字传输网络，在连到 Internet 时，是通过 DDN 专线连接到 ISP，再通过 ISP 连接到 Internet。局域网通过 DDN 专线连接 Internet 时，一般需要使用调制解调器和路由器。DDN 的租用费较贵，普通个人用户负担不起，DDN 主要面向集团公司多地设有分支机构等需要综合运用的单位，如图 6-3 所示。

用户租用 DDN 业务需要申请开户。DDN 的收费一般可以采用包月制和计流量制，这与一般用户拨号上网的按时计费方式不同。DDN 按照不同的速率带宽收费也不同，例如在中国电信申请一条 128kbps 的区内 DDN 专线，月租费大约为 1000 元。因此它不适合社区住户的接入，只对社区商业用户有吸引力。

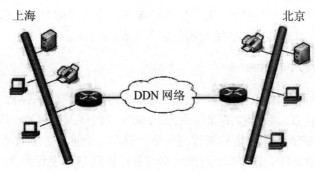

图 6-3　DDN 专线接入

四、通过 xDSL 接入 Internet

DSL 是数字用户线技术，可以利用双绞线高速传输数据。现有的 DSL 技术已有多种，如 HDSL、ADSL、VDSL、SDSL 等。我国电信为用户提供了 HDSL、ADSL 接入技术。这里以 ADSL 为例，ADSL 是非对称式数字用户线路的缩写，采用了先进的数字处理技术，将上传频道、下载频道和语音频道的频段分开，在一条电话线上同时传输 3 种不同频段的数据且能够实现数字信号与模拟信号同时在电话线上传输。它的连接是主机通过 DSL Modem 连接到电话线，再连接到 ISP，通过 ISP 连接到 Internet，如图 6-4 所示。

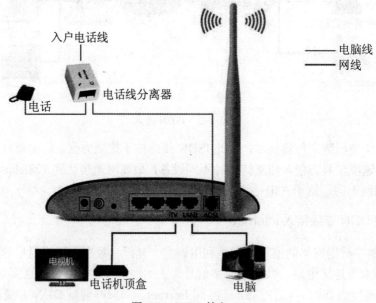

图 6-4　ADSL 接入

在 ADSL 接入方案中，每个用户都有单独的一条线路与 ADSL 局端相连，它的结构可以看作是星型结构，数据传输带宽是由每一个用户独享的。ADSL 提供了下载传输带宽最高可达 8Mbps，上传传输带宽为 64Kbps 到 1Mbps 的宽带网络。与拨号上网或 ISDN 相比，减轻了电话交换机的负载，由于其不需要拨号，属于专线上网，不需另缴电话费等特点而深受广大用户喜爱，成为继 Modem、ISDN 之后的又一种全新的高效接入方式。

五、通过电缆调制解调器接入 Internet

目前，我国有线电视网已覆盖全国，现在能够利用一些特殊的设备把有线电视网信号转换成计算机网络数据信息，这个设备就是电缆调制解调器（Cable Modem）。有线电视网传输的是模拟信号，通过 Cable Modem 可以把数字信号转换成模拟信号，从而与电视信号一起通过有线电视网传输；在用户端，再使用电缆分线器将电视信号和数据信号分开。

采用这种方法，连接速率高、成本低，并且提供非对称的连接。与使用 ADSL 一样，用户上网不需要拨号，提供了一种永久型连接，并且不受距离的限制。这种方法的不足之处在于有线电视是一种广播服务，同一信号将发向所有用户，从而带来了很多网络安全问题；另外，由于是共享信道，如一个地方的用户多，那么数据传输速率就会受到影响。

六、无线接入

由于铺设光纤的费用很高，对于需要宽带接入的用户，一些城市提供无线接入。用户通过高频天线和 ISP 连接，距离在 10km 左右，带宽为 2～11MB/s，费用低廉，但是受地形和距离的限制，只适合城市里距离 ISP 不远的用户，性能价格比很高，如图 6-5 所示。

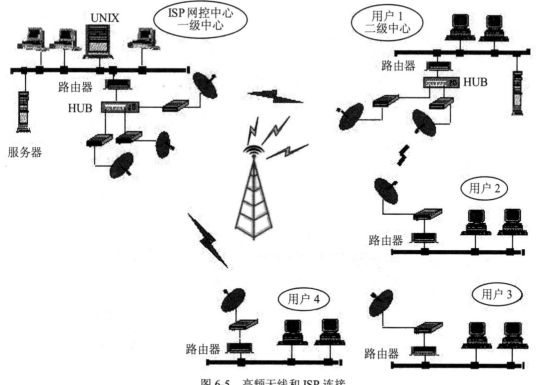

图 6-5　高频天线和 ISP 连接

另外，还可以通过创建宽带无线局域网络（WLAN），无线局域网络是便携式移动通信的产物，终端多为便携式微机。其构成包括无线网卡、无线接入点（AP）和无线路由器等。目前最流行的是 IEEE802.11 系列标准，它们主要用于解决办公室、校园、机场、车站及购物中心等处用户终端的无线接入，参见图 6-6 所示。

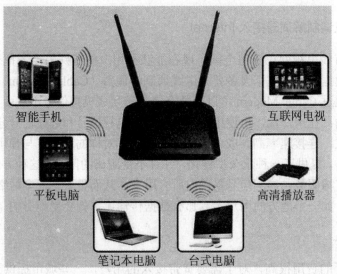

图 6-6   WLAN 上网

七、小区宽带

小区宽带是现在接入互联网的一种常用方式，实现过程是"光纤+LAN（局域网）"的方式。ISP 通过光纤将信号接入小区交换机，然后通过交换机接入家庭。

LAN 方式接入是利用以太网技术，采用"光缆+双绞线"的方式对社区进行综合布线。具体实施方案是：从社区机房铺设光缆至住户单元楼，楼内布线采用 5 类双绞线铺设至用户家里，双绞线总长度一般不超过 100m，用户家里的电脑通过 5 类跳线接入墙上的五类模块就可以实现上网。社区机房的出口是通过光缆或其他介质接入城域网。LAN 方式接入示意图如图 6-7 所示。

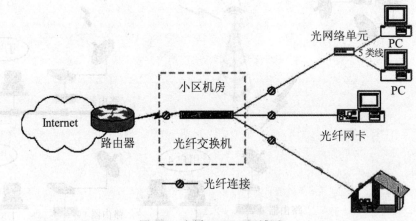

图 6-7   光纤+LAN（局域网）

网络核心设备是放置于小区机房或大厦机房的光纤交换机，该交换机通过光纤以 1000M/100M 速率与 Internet 边缘路由器或汇集交换机相连，实现小区网络接入 Internet。光纤交换机通过光纤和点对点的方式以双工 100M 速率与放置在用户家中的光网络单元或内置光纤以太网卡相连，实现用户通过光纤高速接入 Internet。光纤交换机与光网络单元的连接是选择单纤双向方式。

采用 LAN 方式接入可以充分利用小区局域网的资源优势，为居民提供 10M 以上的共享带宽，这比现在拨号上网速度快 180 多倍，并可根据用户的需求升级到 100M 以上。

6.4　任务分解

由以上各种接入 Internet 的方式可以看出，Modem 拨号方式虽简单但速度低，ISDN 连接复杂、移动性差，DDN 费用高不适合家庭用户。结合项目需求，ADSL 宽带接入上网和"光纤+LAN 方式"是最佳选择。现在电信、联通、移动三大运营商都提供两种宽带网络接入方式，即 ADSL 和光纤。LAN 是指"光纤+局域网"的接入方式。光纤接入小区是将楼道安装的交换机连接到城域网上，再从楼道交换机向各个宽带用户家布设网线上网。用户无须安装 Modem。其优点是带宽高、上网简单、性能稳定，带宽可达 10M；其缺点是如果家庭没有综合布线，需要重新凿孔、布线。

这里，主要学习 ADSL 宽带接入 Internet 以及利用 ADSL 和配置 ICS 或使用代理服务器共享上网的实现方法。

任务1　ADSL 宽带接入

一、任务目的

1. 学会 ADSL Modem 与电脑、电话接口连接的方法。
2. 掌握通过 ADSL 接入 Internet 的方法。

二、任务描述

现有一住户已安装 Windows XP 操作系统的计算机 1 台，ADSL 调制解调器一个，已开通 ADSL 的电话线路一条，联通宽带客户端软件一套，需要接入 Internet，如何进行相关设置？

三、任务实现

（一）预备知识

ADSL 线路连接。利用 ADSL 接入 Internet，须首先向当地的互联网服务提供商（ISP，Internet Service Provider）提出申请，如中国联通、中国移动、中国电信等，准备好话音分离器、ADSL Modem、网线、装有网卡的计算机等，如图 6-8 所示。

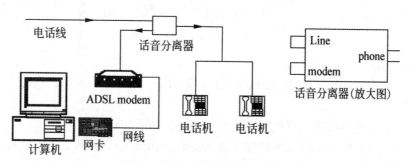

图 6-8　ADSL 线路连接示意图

ADSL Modem 为 ADSL 提供调制数据和解调数据的设备。一般至少有两个接口，一个接口用于连接话音分离器，帮助我们实现边打电话边上网，一个接口用于连接 PC 机网卡。

（二）ADSL 安装与连接设置

（1）安装 ADSL Modem

首先将从信号分离器的输出口（Modem）引入的电话线接入 ADSL Modem 的 ADSL 插孔中。然后，用一根 RJ-45 的 5 类双绞线连接 ADSL Modem 的 Ethernet 插孔，另一端连接电脑网卡中的网线插孔。打开电脑和 ADSL Modem 的电源后，两边连接网线的插孔所对应的 LED 灯都呈绿色显示，那么 ADSL Modem 与网卡设备就连接成功了。

（2）连接设置

打开联通宽带客户端软件，依提示安装即可。这时，Windows XP 操作系统桌面上会出现名称为"宽带我世界"的快捷方式。双击该快捷方式，打开"宽带我世界"界面，点击"设置"按钮，弹出"添加账户"对话框，在"宽带上网账号设置"区域，输入 ISP 提供的账户名及密码，在"接入类型设置"区域，"接入类型"选择"PPPoE"，"选择网卡"设置为"WAN 微型端口（PPPOE）"，"宽带家园账号"根据实际情况设置，如图 6-9 所示。

图 6-9   "添加账户"对话框

（3）拨号连接

账号添加完成后，点击客户端面板中显示的账号名，即可开始 ADSL 拨号连接，如图 6-10 所示。

这时，打开浏览器出现网页信息，说明成功连接到了 Internet。

注意：不同的操作系统以及不同型号的 ADSL Modem 和不同的 ISP 提供商，其软件安装和创建连接的方式会有区别，应按照《用户手册》进行操作。

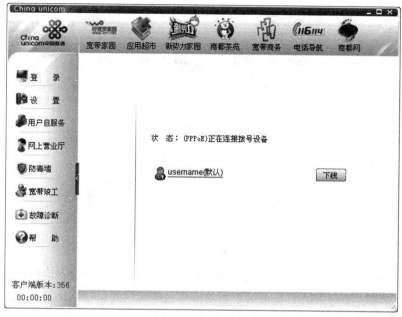

图 6-10 拨号连接

任务 2 用 ADSL Modem 共享上网

一、任务目的

1. 熟悉网络设备的使用及功能；
2. 学会 ADSL Modem 路由器与电脑、电话接口连接的方法；
3. 掌握通过带路由功能的 ADSL Modem 实现，多台电脑共享 Internet 的方法。

二、任务描述

ADSL 宽带路由器的功能非常强大，其性能也非常出色，不论是企业、网吧，还是家庭用户使用 ADSL 上网，通常情况下，一条 ADSL 线路只能支持一台电脑上网，但使用了组网设备之后，就可以实现一条 ADSL 线路支持多台电脑共享上网。

一般来说，实现 ADSL 的共享组网的设备有 ADSL Modem、ADSL 宽带路由器和交换机。现在 ADSL Modem 都具有路由功能，而 ADSL 宽带路由器也有路由功能，怎样使用具有路由功能 ADSL Modem 和 ADSL 宽带路由器呢？

如果是 ADSL 用户，组网必须使用 ADSL Modem，带有路由功能的 ADSL Modem 直接连接集线器或交换机就能实现小型组网，而要实现规模稍大、功能较完善的组网，那么就得使用 ADSL Modem 和 ADSL 宽带路由器结合的方式，如图 6-11 所示。

组网时带有路由功能的 ADSL Modem 一端连接电话线，另一端连接交换机就可以了。目前市场上带路由功能的 ADSL Modem 就可以实现 NAT、VPN 等功能，用户无需再购置路由器。它具有 10Base-T 接口和 ATM-25 接口，计算机需要配备一块网卡与它相连，也可直接连在局域网上。此外，还支持以下上网方式：IP Router（每台计算机配外部 IP 地址）、IPoA+NAT（占用一两个外部 IP 地址，其余计算机配固定内部 IP）。

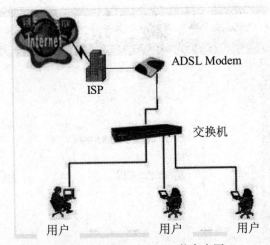

图 6-11　ADSL Modem 共享上网

　　Modem 内置了路由功能，可以提供多台电脑共享上网。但它的性能和稳定性远比不上 ADSL 宽带路由器，同时 ADSL 宽带路由器支持多台电脑同时运行网络游戏、语音电话、网络会议、MSN 等多种网络应用程序，而且还带有权限控制、按时间段控制、内置硬件防火墙、虚拟服务器、DMZ 等多种功能，这些都是 Modem 内置路由功能所不能办到的。ADSL 宽带路由器提供路由功能，一些多用途的 ADSL 宽带路由器甚至集成了网络打印、网址过滤、VPN、自动拨号、防火墙等功能，扩大了用户的选择面，如图 6-12 所示。

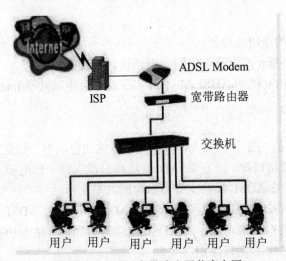

图 6-12　ADSL 宽带路由器共享上网

　　路由器能够实现网络地址翻译，功能强大，但价格较高。ADSL Modem 的拨号功能是其主要功能，路由功能只是 ADSL Modem 的一种应用补充，因此它只具备普通的路由转发功能；另外一个重要的方面，ADSL Modem 的安全性不是很高，比较容易遭受攻击。通过以上分析，不同的用户可以选择不同的方案，对于普通的家庭用户来说，只要选择带路由的 ADSL Modem 就行了，这样少花一大笔钱。对于企业和网吧来说，对网络的功能和安全方面的要求比较高，如果用户人数多或流量较大，为保证网络的性能，建议不要省掉 ADSL 宽带路由器。

　　下面我们主要学习用带路由功能的 ADSL Modem 实现多台电脑共享上网。

三、任务实现

（一）预备知识

1. 设备连接

以华为 SmartAX MT800 型号作为主选网络设备，客户端为 Windows XP。在单机上网时，ADSL Modem 与计算机是通过一根直通双绞线相连接的；若要局域网共享上网，在计算机与 ADSL Modem 之间存在着一个交换机，每台计算机和交换机都通过直通双绞线相连接；ADSL Modem 与交换机则需要通过一根交叉双绞线相连接。具体接线方式如图 6-13 所示。

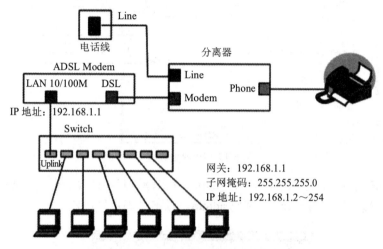

图 6-13　ADSL Modem 连接

注意：ADSL 和交换机应设在最佳位置，按网络工程规定，对交换机到工作站的长度设置不能超过 100m。

2. 检测网络设备的工作状态

在保证物理连通后，开启 ADSL Modem 和交换机电源，查看两种设备的工作状态是否正常。ADSL Modem 以华为 SmartAX MT800 型号为例，查看 ADSL 面板上各灯的闪烁状态，如图 6-14 所示。

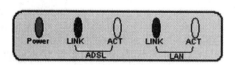

图 6-14　工作状态

- Power 绿灯常亮表明设备通电。
- ADSL LINK 绿灯常亮表明 ADSL 连接正常，如果是一闪一闪的，表示宽带工作不正常。
- ADSL ACT 绿灯闪烁表明 ADSL 连接有数据流量。
- LAN LINK 绿灯或橙色灯常亮表明局域网连接正常，绿灯表示数据传输速率为 10Mbps；橙色灯表示数据传输速率为 100Mbps；如果此灯是灭的，请检查本机的网卡或者交换机等设备（是否连接或者损坏）。
- LAN ACT 绿灯闪烁表明以太网有数据流量。

（二）配置 ADSL Modem 步骤

（1）TCP/IP 协议配置。启动电脑，接好 MT800 的电源，不要拨号（电话线最好也不要接入，只留网线接入该设备），等待设备和电脑连接好（系统栏图标显示已连接），用鼠标右键点击"网上邻居",打开网络和拨号连接,选择本地连接属性(网卡的连接),选择"TCP/IP协议"设置 IP 地址:192.168.1.2,子网掩码:255.255.255.0,如图 6-15 所示。

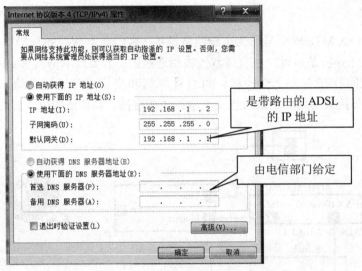

图 6-15　IP 地址设置

(2)打开 IE 浏览器,在地址栏输入"http://192.168.1.1",打开"输入网络密码"对话框,如图 6-16 所示。输入用户名 admin,密码 admin,点击"确定"按钮。

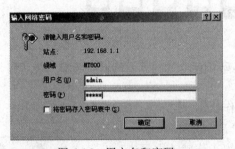

图 6-16　用户名和密码

(3)进入华为设备的系统状态页面,显示设备的现有配置,如图 6-17 所示。

图 6-17　配置页面

(4)在页面左边点击"ATM 设置",依照图 6-18 所示选项进行参数设置,具体为:PVC:1,VPI/VCI:0/35,运行模式:允许,封装:LLC,连接类型:PPP,PPPOA/PPPOE:PPPOE,IP Unnumber:

允许，服务器名称：任选或空缺，默认路径：允许，Traffic ID:0，用户名：由电信给定，密码：输入密码，DNS:允许，配置 MTU:1500，运作 MTU:9146，设置完成，点击"提交"按钮。

（5）系统核实正确后，返回"ATM 设置"界面，点击底部"状态"图标，进入"PPP 接口详细信息"页，如图 6-19 所示，选择"操作"栏的"连线"项，然后点击"提交"，系统经过核实后，提示正确信息，即表示设置成功。

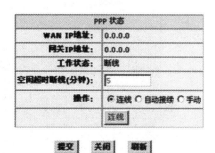

图 6-18 ATM 设置　　　　　　　图 6-19 PPP 接口详细信息

（6）提交成功返回主页面，在页面左边选"其他设定"，在展开的选项中，点击"DHCP 模式"选项，进入"DHCP 模式"页，如图 6-20 所示，选择"DHCP Server"项。

图 6-20 DHCP 模式

（7）返回主页面，在页面左边选"DNS"，进入 DNS 页，如图 6-21 所示，在"主 DNS 服务器"框中输入电信给定的 IP 地址，点击"提交"按钮，系统经过核实后，提示正确信息，即表示 DNS 设置成功。

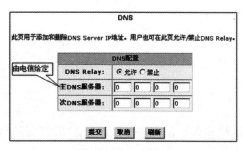

图 6-21 DNS 设置

（8）在页面左边选"保存&重启"，点击"储存"→"提交"→"重启"→"提交"，ADSL 会自动重启，两三分钟完成后会自动回到第一界面。在"WAN 接口"栏，右边"状态"下会全部是绿灯，如图 6-22 所示，即 ADSL 配置成功。

设备			
型号	MT800	软件版本	V100R004C01B011SP01

DSL状态			
运行状态	正常运作	工作模式	G.dmt
DSL版本	Y.1.31.1	延迟	Fast
上行		下行	
速度	448 Kbps	速度	1184 Kbps
信噪比允许范围	12.0db	信噪比允许范围	9.0db
线路衰减	30.0db	线路衰减	50.0db
CRC 误差	0	CRC 误差	3
FEC 误差	0	FEC 误差	0

WAN接口						
PVC编号	网关	IP地址	掩码	VPI/VCI	封装	状态
PVC-1	218.20.116.1	218.19.97.179	255.255.255.255	8/35	PPPoE	●
PVC-0	0.0.0.0	0.0.0.0	0.0.0.0	0/35	Bridged	●
PVC-2	0.0.0.0	0.0.0.0	0.0.0.0	0/100	Bridged	●
PVC-3	0.0.0.0	0.0.0.0	0.0.0.0	0/32	Bridged	●
PVC-4	0.0.0.0	0.0.0.0	0.0.0.0	8/81	Bridged	●
PVC-5	0.0.0.0	0.0.0.0	0.0.0.0	8/32	Bridged	●
PVC-6	0.0.0.0	0.0.0.0	0.0.0.0	14/24	Bridged	●

图 6-22　保存与重启

（三）客户端的配置

（1）配置客户端的 TCP/IP 协议。启动客户端，按前面所述的 TCP/IP 协议的配置步骤进行客户端 TCP/IP 配置，如图 6-23 所示。

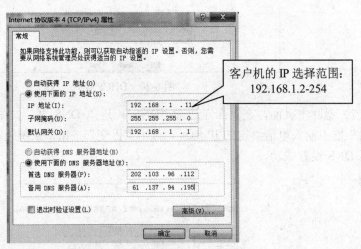

图 6-23　客户端 TCP/IP

（2）上网测试。

启动 IE 浏览器，在地址栏输入：www.sina.com.cn，即可开始浏览新浪主页，此时表示多机共享 ADSL 上网成功。

任务 3　配置 ICS 共享上网

一、任务目的

1. 了解 ICS 服务的知识。
2. 掌握 ICS 服务器和客户端的配置。
3. 掌握使用 ICS 服务共享 Internet 的方法。

二、任务描述

除了使用本项目"任务 2"中带路由功能的 ADSL Modem 实现共享上网外，还可以使用更为廉价的方式即用 Windows 系统提供的共享上网的功能，也就是配置 ICS 和 NAT 方式共享 Internet。

现有一户家庭有多台装有 Windows 操作系统的电脑，其中一台安装有双网卡，一个 8 口交换机和 ADSL Modem，正向 ISP 申请账号完成。要实现几台电脑都能上网，该如何配置？

三、任务实现

（一）预备知识

ICS 即 Internet 连接共享（Internet Connection Sharing）的英文简称，是 Windows 系统针对家庭网络或小型的 Intranet 网络提供的一种 Internet 连接共享服务。它实际上相当于一种网络地址转换器，所谓网络地址转换器就是在数据包向前传递的过程中，可以转换数据包中的 IP 地址和 TCP/UCP 端口等地址信息。有了网络地址转换器，家庭网络或小型的办公网络中的电脑就可以使用私有地址，并且通过网络地址转换器将私有地址转换成 ISP 分配的单一的公用 IP 地址从而实现对 Internet 的连接。ICS 方式也称为 Internet 转换连接。其网络拓扑示意图如图 6-24 所示。

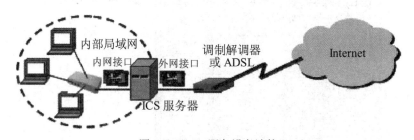

图 6-24　ICS 服务设备连接

（二）ICS 服务的设备连接

各设备连接如图 6-24 所示，注意 ADSL Modem 的 WAN 口用双绞线连接到 ICS 服务器电脑的一个网卡接口，其另一块网卡接口直接连接到交换机或 HUB 的一个接口。ADSL Modem 的具体安装方式参见前面的"任务 1"和"任务 2"。

（三）ICS 服务器的配置

（1）在 ICS 服务器的电脑上，以管理员的身份登录到系统中。打开"网络连接"窗口，如图 6-25 所示设置。

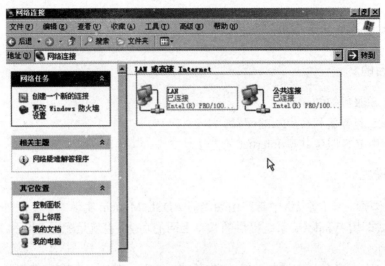

图 6-25　网络连接

即一个用于连接 Internet，称公共连接，另一个用于内网连接，称专用连接，在公共连接上激活 ICS 时，系统会自动选择与内网（小型局域网）连接的网卡设为专用连接，并且 IP 地址自动配置为 192.168.0.1。

（2）右键点击"公共连接"→"属性"→"高级"，勾选"Internet 连接共享"下面的复选框，如图 6-26 所示。

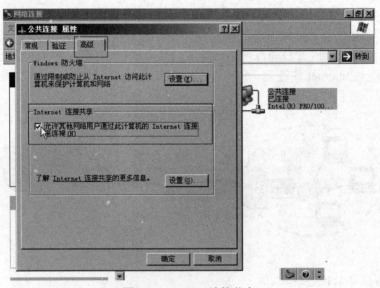

图 6-26　Internet 连接共享

（3）"公共连接"图标变为如图 6-27 所示。

图 6-27　共享连接

（4）此时，另一个网络连接即"专用连接"的 IP 地址自动配置为 192.168.0.1，如图 6-28
所示。

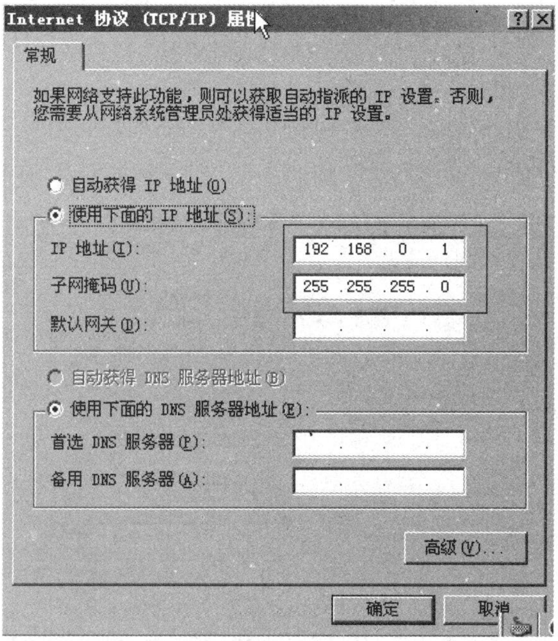

图 6-28　专用连接

注意：当启用 ICS 时，ICS 将配置专用网络连接的 IP 地址为 192.168.0.1，子网掩码为
255.255.255.0，这个配置不可修改；ICS 将在此接口上提供简化的 DHCP 服务和 DNS 代理服
务，其中简化的 DHCP 服务将向 DHCP 客户分配范围为 192.168.0.2～192.168.0.254、子网掩
码为 255.255.255.0 的 IP 地址，并且分配默认网关和 DNS 服务器为 192.168.0.1。DHCP 客户
端接收到的 DHCP 选项，如图 6-29 所示。

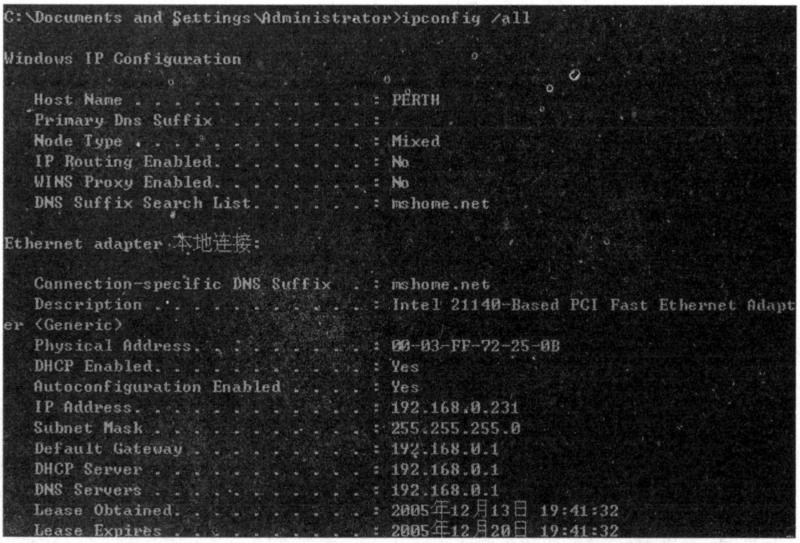

图 6-29　查看网络

而 DNS 代理服务的作用类似于 DNS 转发器，它可以将专用网络中客户发送的 DNS 解析请求转发到自己的 DNS 服务器，从而帮助专用网络中的客户端计算机完成 DNS 解析。

对于专用网络中的客户端计算机，你可以配置其为 DHCP 客户端，从而通过 ICS 的简化 DHCP 服务来自动进行配置，或者按照相同的 TCP/IP 选项来手动进行配置。

（四）ICS 客户端的配置

客户端 IP 在 192.168.0.0/24 网段内，默认网关为 192.168.0.1，首选的 DNS 服务器设置为 192.168.0.1，如图 6-30 所示。

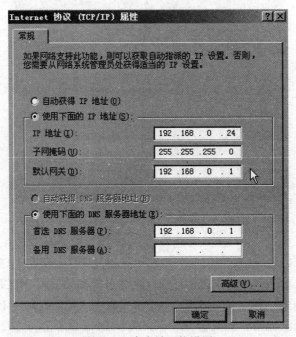

图 6-30　客户端网络设置

这时，客户端可以通过 ICS 服务器上网了。

任务 4　通过代理服务器共享上网

一、任务目的

1. 了解代理服务共享网络的原理。
2. 掌握使用 CCProxy 代理软件的安装和配置方法。
3. 掌握通过代理服务器实现共享上网的方法。

二、任务描述

如果某一网吧、办公室、宿舍或个人家庭中，已经组建了局域网，想只用一个 Modem、一条电话线和一个 ISP 上网账号，就能够让整个局域网里的每一台电脑都连上 Internet。既免去了购买硬件的许多开销，还能节省大量的电话费，网络资源也得到了最充分的利用。应如何通过代理服务器的方式实现共享上网？

三、任务实现

（一）预备知识

代理服务器（Proxy Server）是网上提供转接功能的服务器，在一般情况下，使用网络浏览器直接去连接其他 Internet 站点取得网络信息时，是直接连接到目的站点服务器，然后由目的站点服务器把信息传送回来。代理服务器是介于客户端和 Web 服务器之间的另一台服务器，有了它之后，浏览器不是直接到 Web 服务器去取回网页而是向代理服务器发出请求，信号会先送到代理服务器，由代理服务器来取回浏览器所需要的信息并传送给你的浏览器。

通常代理服务器都设置一个较大的缓冲区，当有外界的信息通过时，同时也将其保存到缓冲区中，当其他用户再访问相同的信息时，则直接由缓冲区中取出信息，传给用户，以提高访问速度。上网者也可以通过代理服务器隐藏自己的真实地址信息，还可以隐藏自己的 IP，防止被黑客攻击。有时候网络供应商会对上网用户的端口、目的网站、协议、游戏、即时通讯软件等进行限制，使用代理服务器都可以突破这些限制。

代理服务器通常有两种类型，HTTP 代理和 Socks5 代理。HTTP 代理是用来浏览网页用的，其端口一般是 80 和 8080，不过也有 3128 等其他端口；而 Socks5 代理则可以看成是一种全能的代理，不管是 Telnet、FTP 还是 IRC 聊天都可以用它，这类代理的端口通常是 1080，如图 6-31 所示。

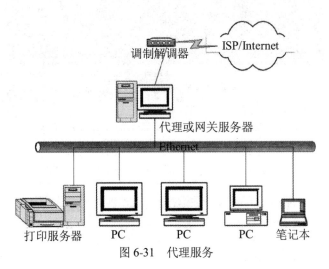

图 6-31　代理服务

常用的代理软件主要有 SyGate、CCProxy、WinRoute、WinGate 等。这里仅以 CCProxy 代理软件为例，学习其配置和实现共享网络的方法。

（二）CCProxy 代理服务器软件的安装与配置

1. 安装条件

硬件配置要求：CCProxy代理服务器运行时对系统资源的占用几乎可以忽略不计，所以对硬件配置的要求很低，目前主流的 PC 机完全可以用来做服务器。如果您对稳定性要求比较高，那么推荐用专业的服务器来做。

操作系统要求：CCProxy上网行为管理服务器可以用 Windows 2000、Windows XP、Windows 2003 Server、Windows 7、Windows Server 2008 来做，我们推荐用 Windows 2003 Server

企业版或者 Windows Server 2008 R2。CCProxy 服务器不支持 Linux 操作系统，如果客户端是 Linux 操作系统，就只能通过 CCProxy 代理上网。

网络环境要求：安装 CCProxy 的服务器能连上互联网，至于是通过什么方式上网则没有要求，并且服务器一定要专用，即专门作为代理服务器来用。客户端机器能够连接到服务器的代理端口（默认情况下，HTTP 代理为 808 端口，Socks 代理为 1080 端口），可以在命令行下运行以下命令来检测（假设装有 CCProxy 的服务器 IP 为 192.168.1.100）：Telnet 192.168.1.100 808 或 Telnet 192.168.1.100 1080，如果提示连接失败，那么需要检查您的网络情况，并将服务器上的防火墙关掉。

2. 软件下载、安装

在"遥志代理服务器"官方网站http://www.ccproxy.com/download.htm下载"代理服务器 CCProxy 官方版 V8.0"。按照提示安装即可，正确安装后的 CCProxy 主界面如图 6-32 所示。

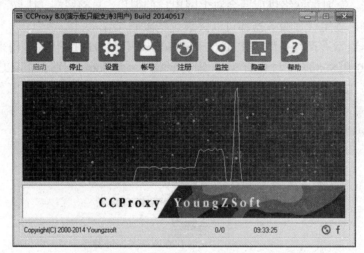

图 6-32　CCProxy 主界面

点击"设置"按钮，可以打开"设置"对话框，如图 6-33 所示。

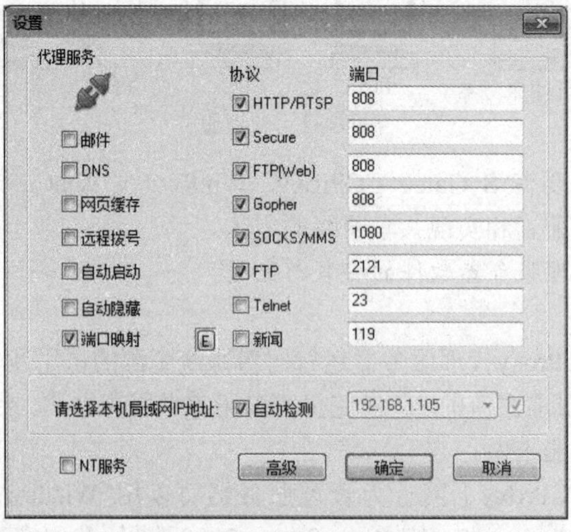

图 6-33　"设置"对话框

　　点击"设置"对话框中的"高级"按钮，将弹出"高级"对话框，CCProxy 的一些高级功能，比如：自动拨号、缓存、二级代理、日志、邮件、网络等都是在此进行设置，如图 6-34所示。

图 6-34　"高级"对话框

（三）局域网的配置

（1）在正确安装完成后，确认局域网连接通畅，能够相互 ping 成功。配置好局域网，分配好局域网机器的 IP。一般是 192.168.0.1、192.168.0.2、192.168.0.3、…、192.168.0.254，其中服务器是 192.168.0.1，其他为客户端的 IP 地址。子网掩码为 255.255.255.0，DNS 为192.168.0.1。

（2）服务器的网络设置。打开服务器的"本地连接属性"，如图 6-35 所示。

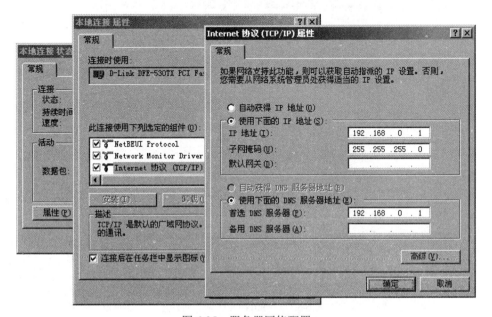

图 6-35　服务器网络配置

（3）客户端的网络设置。打开客户端的"本地连接属性"，假设 IP 为 192.168.0.2，如图 6-36 所示。其他客户端的网络设置只是 IP 不同而已。

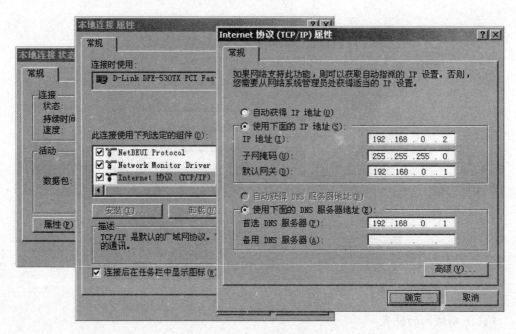

图 6-36　客户端网络配置

（四）HTTP 代理服务器的设置方法

代理服务器地址是：192.168.0.1，打开 IE 浏览器，选择菜单栏的"工具→Internet 选项..."，打开如图 6-37 所示对话框。

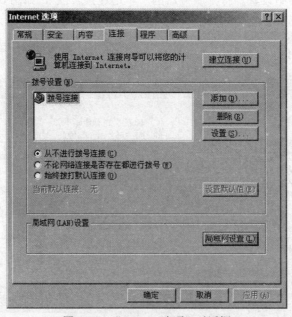

图 6-37　"Internet 选项"对话框

点击图 6-37 中的"局域网设置",填写代理服务器地址和端口号,如图 6-38 所示。

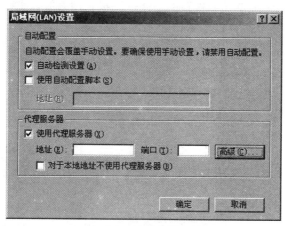

图 6-38　地址和端口号

点击"高级"按钮,可以看到代理服务的类型、地址和端口号,如图 6-39 所示。

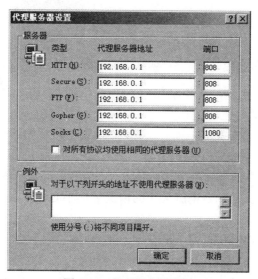

图 6-39　代理服务器设置

说明:在 CCProxy 主界面中,还有"账号""注册"和"监控"等按钮,其功能使用可自行研究学习。

6.5　拓展任务

拓展任务 1　通过光猫+无线路由器实现多台设备上网

目前,有很多家庭和小公司安装了宽带 ADSL 上网设施,包括电话线和 Modem(调制解调器,俗称"猫")。许多用户的一条电话线只申请了一个账户,为了节省开支,想几台电脑共用一个账户。

（1）需要的设备有电话线、光猫及其配备的电源适配器，一个路由器（最好用 TP-LINK 路由器）及其配备的电源适配器，一根短网络线，三根长网络线。上网账号：abcXYZ，上网密码：DEF789。设备连接示意图如图 6-40 所示。

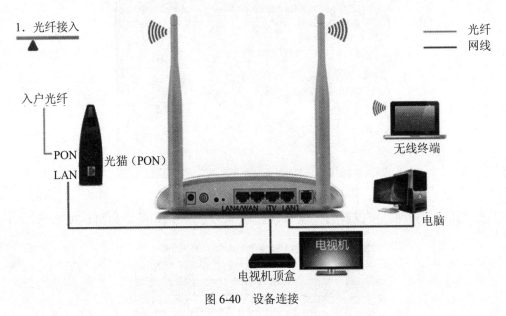

图 6-40　设备连接

（2）假设家庭有三台电脑，其名称为 COMP1、COMP2 和 COMP3。您希望这三台电脑共用一个账号。

（3）实现要求

要求一：把一台电脑（例如 COMP1）做"服务器"，这台电脑连接因特网（互联网）了，其他电脑才能上因特网，其他电脑上网都不必输入账号和密码。

要求二：每台电脑在其他两台电脑关闭的情况下，不必输入账号和密码，只要打开浏览器就可以独立上网。

要求三：配置无线路由器和无线 WiFi 密码，使配有无线网卡的笔记本电脑和电视机都可以设置上网。

根据以上条件和要求，操作完成并写出多用户共享上网的具体实现步骤。

拓展任务 2　配置 NAT 服务实现共享上网

在"任务 3"中，学习了通过配置 ICS 服务实现共享上网的方法。实际上，Windows 系统还提供了另外一种配置共享上网的服务即 NAT 技术（网络地址转换，Network Address Translator），从广义上讲，ICS 也是使用了一种 NAT 技术，不过我们这里讨论的 NAT 是指将运行 Windows 2000 Server 的计算机作为 IP 路由器，通过它在局域网和 Internet 主机间转发数据包从而实现 Internet 的共享。NAT 方式也称为 Internet 的路由连接。网络地址转换 NAT 通过将专用内部地址转换为公共外部地址，对外隐藏了内部管理的 IP 地址。这样，通过在内部使用非注册的 IP 地址，并将它们转换为一小部分外部注册的 IP 地址，从而减少了 IP 地址注册的费用。同时，也隐藏了内部网络结构，从而降低了内部网络受到攻击的风险。

其工作过程通过图 6-41 来了解，对于由 NAT 传出的数据包，源 IP 地址（专用地址）被映射到 ISP 分配的公用地址，并且 TCP/UDP 端口号也会被映射到不同的 TCP/UDP 端口号。对于到 NAT 协议的传入数据包，目标公用 IP 地址被映射到源内部专用地址，并且 TCP/UDP 端口号被重新映射回源 TCP/UDP 端口号。可以简单地概括为，对于向外发出的数据包，NAT 将源 IP 地址和源 TCP/UDP 端口号转换成一个公共的 IP 地址和端口号；对于流入内部网络的数据包，NAT 将目的地址和 TCP/UDP 端口转换成专有的 IP 地址和最初的 TCP/UDP 端口号。

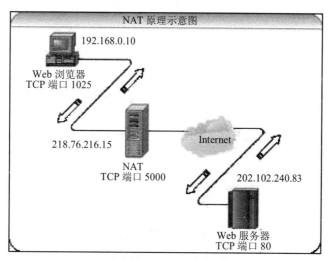

图 6-41　NAT 工作原理

NAT 的配置相对复杂一些，首先要将服务器与局域网连接的网卡 IP 地址设为 192.168.0.1，与 ADSL 或 Cable Modem 连接的网卡 IP 地址设为自动获取（也可以是 ISP 提供的合法的固定 IP 地址）。并将服务器的 DNS 和 DHCP 服务设置好。NAT 功能主要是通过"管理工具"中的"路由和远程访问"进行配置来实现的。客户端在定义 TCP/IP 协议属性时需设置 DNS，并指定默认网关为 192.168.0.1，就可使用 NAT 服务共享上网。

ICS 更适用于家庭网络环境，NAT 则适合于公司办公网络环境，它的设置比 ICS 要复杂，需要安装者具备一定的专业知识，这种条件家庭通常是不具备的，它能使用多个公用 IP 地址（设置地址池），从而使局域网用户可使用多个合法 IP 地址访问 Internet，申请多个 IP 地址当然只有规模较大的网络才有这种需要。由于使用 IP 路由，它具备一定的安全措施，相对安全性要比 ICS 好得多，当然，对于使用 NAT 共享上网的局域网来说，加装防火墙也是必要的。目前能支持 NAT 的操作系统只有 Windows 2000 Server/Advance Server，显然这类操作系统并不适合家庭用户使用，在办公网络中将提供其他服务的 Windows 2000 Server 服务器同时配置成 NAT 服务器是顺理成章的事情，与 ICS 要求网络中的客户端由 DHCP 服务器动态分配 IP 地址不同，NAT 网络中的客户端可以设置静态内部 IP 地址，因而其设定更具弹性，网络中的应用也可以更加多样，也更能适应规模较大的网络。

实现要求：现有一家公司申请有一个连接到专用网络的网络适配器和一个连接到 Internet（公共网络）的网络适配器或拨号连接，想通过 Windows 2003 Server 提供的 NAT 服务实现公司内数台计算机共享 Internet 网络。请参考 NAT 相关技术文档，写出实现的具体步骤。

项目七　无线局域网的配置与组建

7.1　项目情景

无线局域网（Wireless Local Area Network，WLAN）是高速发展的现代无线通信技术在计算机网络中的应用，是计算机网络与无线通信技术相结合的产物。传统局域网络已经越来越不能满足人们的需求，于是无线局域网便应运而生。与传统以太网不同的是，基于 802.11 标准的无线网络在空气中传播射频信号，在信号范围内的无线用户端都可以接收到资料，为通信的移动化、个人化和多媒体应用提供了实现的手段。无线局域网技术可以非常便捷地以无线方式连接网络设备，人们可随时、随地、随意地访问网络资源。随着智能手机等智能终端的广泛应用，以及移动互联网的快速推进，无线局域网在大型商场、酒店、车站、机场、校园等已经越来越普及，无线局域网也在改变着人们的生活方式。

7.2　项目分析

无线局域网是计算机网络与无线通信技术相结合的产物，它非常适合移动化、变化性的工作场合应用，现在已经成为局域网络技术中的一个亮点。当我们确定使用无线局域网时，需要怎么架构无线网络呢？家庭或者寝室又如何实现无线局域网的共享呢？

要配置无线上网环境，"猫"（调制解调器）是上网必用的。路由器和交换机都是用来共享的，路由可以代替交换机，但是交换机不能代替路由器。"猫"加交换机可以实现多台机器上网，"猫"加路由器也可以实现多台机器上网，"猫"加路由器加交换机也可以实现多台机器上网。它们三者在功能上存在怎样的区别和联系？

通过本项目的学习，读者可以自行设置无线路由器，组建家庭小型无线局域网，并在此基础上了解小型企业无线局域网组建的一般流程，以及所用网络设备的基本知识。

7.3　知识准备

一、无线局域网络定义

无线局域网络是相当便利的数据传输系统，它利用射频（Radio Frequency，RF）技术，使用电磁波，取代旧式碍手碍脚的双绞铜线（Coaxial）所构成的局域网络，在空气中进行通信连接，使得无线局域网络能利用简单的存取架构，让用户通过它达到"信息随身化、便利走天下"的理想境界。

由于无线网络也是局域网的一种分类，与有线局域网一样，IEEE 组织也为无线局域网的通信，规划了一系列的通信标准。到目前为止，IEEE 组织正式发布的无线网络协议主要包括：

IEEE 802.11、IEEE 802.11a、IEEE 802.11b、IEEE 802.11g，分别对应于不同的传输标准。常见的无线网络分为 GPRS 手机无线上网和无线局域网两种方式。GPRS 手机无线上网，是一种借助移动电话网络接入 Internet 的无线上网方式，因此只要手机开通了 GPRS 上网业务，在任何一个角落都可以通过手机来上网。随着智能手机和无线设备技术的发展，无线 Wifi 得到普及，是目前无线网络应用的热点之一。

二、无线 WiFi 概念

WiFi（Wireless-Fidelity）即无线连接，它是一种允许电子设备连接到一个无线局域网（WLAN）的技术，通常使用 2.4G UHF 或 5G SHF ISM 射频频段，其连接如图 7-1 所示。无线局域网通常是有密码保护的，但也可以是开放的，这样就允许任何在 WLAN 范围内的设备可以连接。WiFi 是一个无线网络通信技术的品牌，由 WiFi 联盟所持有，目的是改善基于 IEEE 802.11 标准的无线网络产品之间的互通性。有人把使用 IEEE 802.11 系列协议的局域网称为无线保真。甚至把 WiFi 等同于无线网际网络（WiFi 是 WLAN 的重要组成部分）。

图 7-1　无线局域网示意图

三、常用网络设备简介

网络设备及部件是连接到网络中的物理实体。网络设备的种类繁多，且与日俱增。基本的网络设备有：计算机（无论其为个人电脑或服务器）、集线器、交换机、网桥、路由器、网关、网络接口卡（NIC）、无线接入点（WAP）、打印机和调制解调器、光纤收发器、光缆等。企业网络模型示意图如图 7-2 所示，以下就常用的网络设备做简要介绍。

1. 路由器（Router）

路由器工作在 OSI 体系结构中的网络层，这意味着它可以在多个网络上交换和路由数据数据包。路由器通过在相对独立的网络中交换具体协议的信息来实现这个目标。比起网桥，路由器不但能过滤和分隔网络信息流、连接网络分支，还能访问数据包中更多的信息。并且用来提高数据包的传输效率路由器如图 7-3 所示。

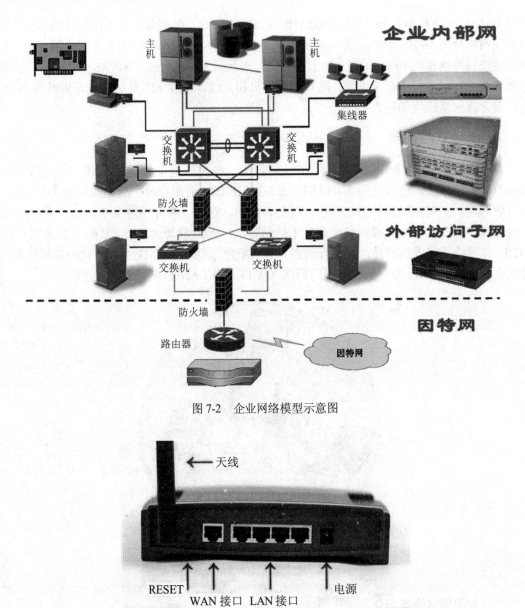

图 7-2　企业网络模型示意图

图 7-3　路由器

2．网关（Gateway）

网关把信息重新包装的目的是适应目标环境的要求。网关能互连异类的网络，从一个环境中读取数据，剥去数据的老协议，然后用目标网络的协议进行重新包装。网关的一个较为常见的用途是在局域网的微机、小型机或大型机之间作翻译。其典型应用是网络专用服务器，或是高配置的高性能的计算机。

3．交换机（Switch）

交换机（Switch）意为"开关"，是一种在通信系统中完成信息交换功能的设备，用于电信号转发，它可以为接入交换机的任意两个网络结点提供独享的电信号通路。最常见的交换机是以太网交换机如图 7-4 所示。其他常见的还有电话语音交换机、光纤交换机等。

图7-4　交换机

交换是按照通信两端传输信息的需要，用人工或设备自动完成的方法，把要传输的信息送到符合要求的相应路由上的技术统称。

4．集线器（HUB）

集线器是最简单的网络设备。计算机通过一段双绞线连接到集线器。在集线器中，数据被转送到所有端口，无论与端口相连的系统是否计划好要接收这些数据。除了与计算机相连的端口之外，即使在一个非常廉价的集线器中，也会有一个端口被指定为上行端口，用来将该集线器连接到其他的集线器以便形成更大的网络，如图7-5所示。

5．网卡（NIC）

网络接口卡（NIC）是计算机或其他网络设备所附带的适配器，用于计算机和网络间的连接。每一种类型的网络接口卡都是分别针对特定类型的网络设计的，例如以太网、令牌网、FDDI或者无线局域网。网络接口卡（NIC）使用物理层（第一层）和数据链路层（第二层）的协议标准进行运作。网络接口卡（NIC）主要定义了与网络进行连接的物理方式和在网络上传输二进制数据流的组帧方式，它还定义了控制信号，为数据在网络上进行传输提供时间选择的方法，如图7-6所示。

图7-5　集线器　　　　　　　　　　　　　　图7-6　网卡

6．调制解调器（Modem）

调制解调器是一种接入设备，用户将计算机的数字信号转译成能够在常规电话线中传输的模拟信号。调制解调器在发送端调制信号并在接收端解调信号。许多接入方式都离不开调制解调器，如56KB的调制解调器、ISDN、DSL等，如图7-7所示。

7．无线接入点（WAP，无线AP）

无线AP也称为无线网桥，如图7-8所示。无线AP的作用类似于有线以太网中的集线器，与集线器不同的是，无线AP与计算机之间的连接是通过无线信号方式实现。

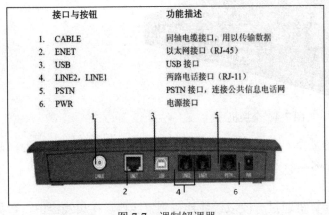

接口与按钮	功能描述
1. CABLE	同轴电缆接口，用以传输数据
2. ENET	以太网接口（RJ-45）
3. USB	USB 接口
4. LINE2，LINE1	两路电话接口（RJ-11）
5. PSTN	PSTN 接口，连接公共信息电话网
6. PWR	电源接口

图 7-7　调制解调器

图 7-8　无线 AP

无线 AP 是无线网和有线网之间沟通的桥梁，是 WLAN 中的重要组成部分，在无线 AP 覆盖范围内的无线工作站，通过无线 AP 进行相互之间的通信，通常业界将 AP 分为胖 AP 和瘦 AP。

胖 AP 普遍应用于 SOHO 家庭网络或小型无线局域网，有线网络入户后，可以部署胖 AP 进行室内覆盖，室内无线终端通过胖 AP 访问 Internet。胖 AP 需要每台 AP 单独进行配置，无法进行集中配置，管理和维护比较复杂；不支持信道自动调整和发射功率自动调整；集安全、认证、等功能于一体，支持能力较弱，扩展能力不强。如图 7-9 所示是一种通过无线胖 AP 构建的无线网络的连接模式。

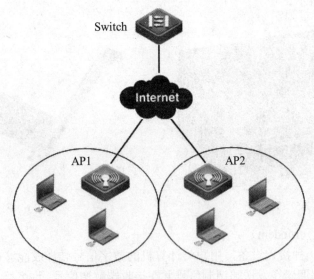

图 7-9　无线胖 AP

瘦 AP 是指每台 AP 不需要进行单独配置，但需要无线控制器进行管理、调试和控制的 AP 设备，如图 7-10 所示。瘦 AP 构建了 WLAN 网络的组网模式，以无线交换机为核心加简单接入点（瘦 AP）的集中式管理架构。由于通过集中管理，减少了 AP 的管理工作量，因此瘦 AP 的工作模式，也成为未来的发展方向。

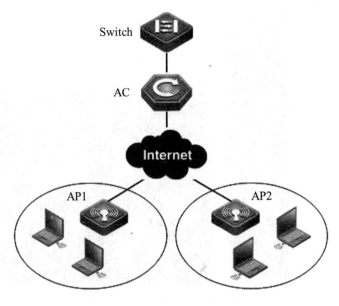

图 7-10　无线瘦 AP

7.4　任务分解

任务1　建立 WiFi 热点

WiFi 热点是指把无线设备（笔记本、智能手机、iPad 等）的无线信号转化为 WiFi 信号再发出去，这样该无线设备就成了一个 WiFi 热点。该设备需有无线 AP 功能，才能当做热点。有些系统自带建热点功能，比如 iOS。

一、任务目的

1. 掌握无线 WiFi 创建的方法。
2. 了解无线网络工作原理。
3. netsh 命令。

二、任务描述

在只有一个网络端口、没有无线路由器的房间里，有多台笔记本电脑或者多台智能手机需要上网，怎么办呢？通过下面的实训操作，来实现如何在 Win7 系统的笔记本上建立 WiFi 热点。

三、任务实现

（1）在 Win7 系统环境下，点击"开始"→"所有程序"→"附件"→"命令提示符"。或以管理员身份运行命令提示符：快捷键"Win+R"→"输入 cmd"→"回车"，如图 7-11 所示。

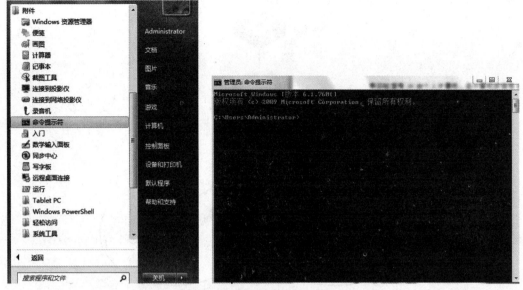

图 7-11　命令提示符输入界面

（2）启用并设定虚拟 WiFi 网卡：运行命令：netsh wlan set hostednetwork mode=allow ssid=SHEN key=12345678。

此命令有三个参数：

mode：是否启用虚拟 WiFi 网卡，改为 disallow 则为禁用。

ssid：无线网名称，最好用英文（以 SHEN 为例）。

key：无线网密码，八个以上字符（以 12345678 为例）。

以上三个参数可以单独使用，例如只使用 mode=disallow 可以直接禁用虚拟 Wifi 网卡，如图 7-12 所示。

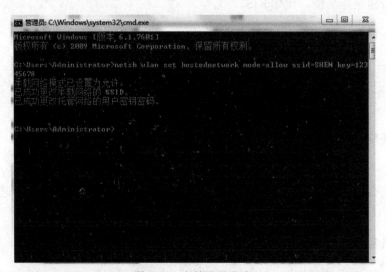

图 7-12　参数设置成功

（3）开启成功后，网络连接中会多出一个网卡为"Microsoft Virtual WiFi Miniport Adapter"的无线连接。若没有，需更新无线网卡驱动，如图 7-13 所示。

图 7-13 虚拟 WiFi 端口适配器

（4）设置 Internet 连接共享：在"网络连接"窗口中，右键点击已连接到 Internet 的网络连接，选择"属性"→"共享"，勾选"允许其他……连接(N)"并选择"虚拟 WiFi"。点击"确定"之后，提供共享的网卡图标旁会出现"共享的"字样，表示"宽带连接"已共享至"虚拟 WiFi"，如图 7-14 所示。

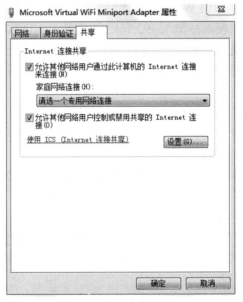

图 7-14 Internet 连接共享

（5）开启无线网络：继续在命令提示符中运行：netsh wlan start hostednetwork（将 start 改为 stop 即可关闭该无线网，以后开机后要启用该无线网只需再次运行此命令即可）。至此，虚拟 WiFi 的红叉消失，WiFi 基站已组建好。笔记本、带 WiFi 模块的手机等终端设备搜索到无线网络 SHEN，输入密码 12345678。WiFi 创建完毕。

任务 2　无线路由器的设置

无线路由器是带有无线覆盖功能的路由器，它主要应用于用户上网和无线覆盖。无线路由器可以看作一个转发器，将家中墙上接出的宽带网络信号通过天线转发给附近的无线网络设备（笔记本电脑、平板电脑、支持 WiFi 的手机等等）。市场上流行的无线路由器一般都支持专线 XDSL/CABLE，动态 XDSL，PPTP 四种接入方式，它还具有其他一些网络管理的功能，如 DHCP 服务、NAT 防火墙、MAC 地址过滤等等功能。

一、任务目的

1．理解路由器的概念。
2．熟悉无线路由器的常用设置方法。

二、任务描述

办公室或者家庭中大多都是一条宽带多人用，所以必须用到路由器。而随着智能无线设备的不断更新换代，无线 WiFi 的应用也越来越普及，那么无线路由器就成为了设置无线 WiFi 必须用到的设备，究竟怎么在办公室或家庭场合设置无线路由器，这是本任务的重点内容。

三、任务实现

（一）预备知识

有线宽带网线插入无线路由 WAN 口，然后用一根网线从 LAN 口与你的笔记本（或台式机）直连。打开浏览器，一般都是输入 192.168.1.1 或者 192.168.0.1（具体查看说明书），输入管理账号和密码，一般都是 admin，进入设置向导，一步一步填过去，根据宽带来源做好选择，如果是 ADSL，则要填写用户名和密码，如果是有固定 IP 地址或者不是固定 IP 地址的宽带，则要填写必须的信息。

为了数据和无线网络安全，要到专门的无线栏目里面去启动密钥，一般选 WEP 方式，填写上设置的密钥即可，注意密钥位数，一般为 8 位字符，然后在路由里面选择路由重启，搜到路由信号，输入预设的密码即可。

首先如果有无线路由器，那么就先把电源接通，然后插上网线，进线插在 WAN 口（一般是蓝色口），然后跟电脑连接的网线选择任何一个 LAN 口都可。

（二）实现步骤

（1）连接好无线路由器后，在浏览器输入在路由器看到的地址，一般是 192.168.1.1（若是使用电话线上网那就还要多准备一个调制调解器，俗称"猫"），如图 7-15 所示。

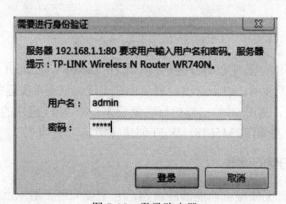

图 7-15　登录路由器

（2）进入后会看到输入相应的账号跟密码，一般新买来的都是 admin，如图 7-16 所示。

图 7-16　选择设置向导

（3）确定后进入操作界面，你会在左边看到一个设置向导，点击进入（一般是自动弹出来的），如图 7-17 所示。

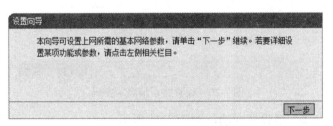

图 7-17　进入设置向导界面

（4）点击"下一步"，进入设置向导的界面，选择上网方式，如图 7-18 所示。

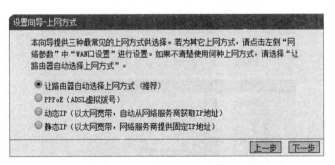

图 7-18　进入上网方式设置

（5）进入上网方式设置，可以看到有三种上网方式的选择，如果是拨号的话那么就用 PPPoE 方式。动态 IP 一般需要上层有 DHCP 服务器时才可以选择该项。静态 IP 一般是专线，也可能是小区宽带等，上层没有 DHCP 服务器的，或想要固定 IP 的上网方式，也可以选择让路由自动选择上网方式。本节选择的是 PPPoE 方式，点击"下一步"，输入上网账号和口令（开通宽带后，由网络运营商提供），如图 7-19 所示。

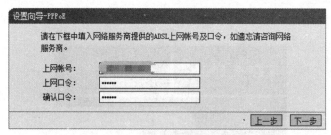

图 7-19　输入账号密码

（6）然后点击"下一步"后进入到的是无线设置，我们可以看到信道、模式、安全选项、SSID 等等。一般 SSID 就是一个名字，可以随便填。为了提高安全性，无线安全选项要选择"WPA-PSK/WPA2-PSK"。输入路由器登录密码，点击"下一步"，如图 7-20 所示。

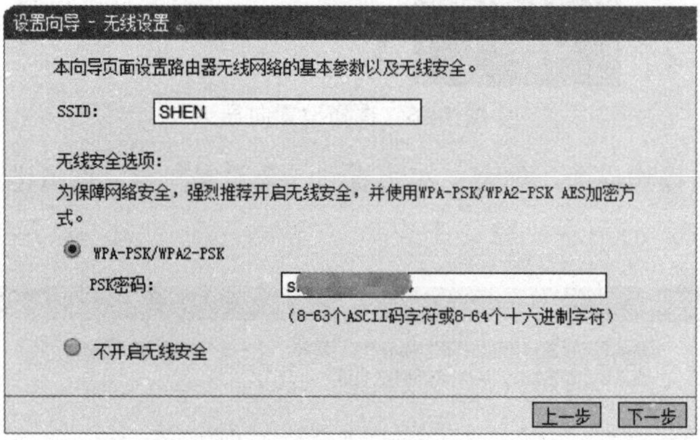

图 7-20　设置路由器登录密码

（7）点击"下一步"就设置成功，如图 7-21 所示。

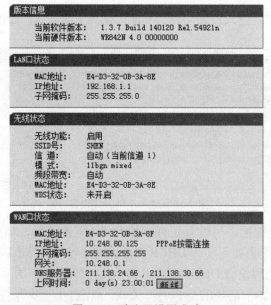

图 7-21　路由器设置成功

登录路由器设置页面之后还有更多的设置选项，如绑定 MAC 地址、过滤 IP、防火墙设置等等，可让你的无线网络更加安全，防止被蹭网。

任务 3　无线局域网络组建与应用

一、任务目的

1. 熟悉无线局域网的组网技术。
2. 掌握无线局域网络组建的方法。
3. 掌握如何建立无线网络安全设置及其特点。

二、任务描述

利用 Windows XP 和一个 AP、两块无线网卡，试组建一个局域网络，实现与有线网络、互联网的连接，并根据设备或系统提供的条件或环境，建立无线局域网络的安全设置。

三、任务实现

（一）预备知识

无线网络组建的几种方式：

1. 仅使用无线网卡组建的无线网络。

只要为每台电脑上插上无线网卡，就可以实现电脑之间的连接，构建成最简单的无线网络，它们之间可以相互直接通信。

2. 独立无线网络。

指无线网络内的电脑之间构成一个独立的网络，它无法实现与其他无线网络和以太网络的连接。该无线网络方案只适用于小型网络（一般不超过 20 台电脑）。

3. 接入以太网的无线网络。

该网络通过接入一个无线接入点（AP），将无线网络连接到有线网络主干，实现无线与有线网络的无缝连接。该方案适用于将大量移动用户连接到有线网络，为移动用户提供更灵活的接入方式。

4. 无线漫游的无线网络。

即将多个 AP 各自形成的无线信号覆盖区域进行交叉覆盖，实现各覆盖区域之间无缝连接，形成以固定有线网络为基础，无线覆盖为延伸的大面积服务区域。所有无线终端通过就近的 AP 接入网络，可以访问整个网络资源。

（二）具体实现

首先通过 AP 连接校园网，下载一个文件，建立对等网，在网上邻居上打开共享文件。

（1）电脑连接到无线网络 TP-LINK_32C440，如图 7-22 所示。

（2）无线网络属性设置，如图 7-23 所示。

（3）设置路由器，以管理员身份登录到路由器，如图 7-24 所示。

（4）设置参数，对照图 7-25 至图 7-29，设置网络参数。

图 7-22　连接无线网络

图 7-23　网络属性

图 7-24　登录路由器

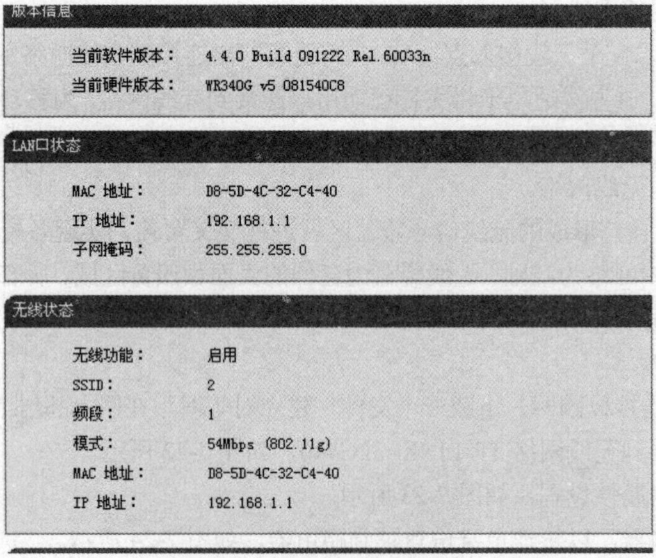

版本信息

当前软件版本：　4.4.0 Build 091222 Rel.60033n

当前硬件版本：　WR340G v5 081540C8

LAN口状态

MAC 地址：　　D8-5D-4C-32-C4-40

IP 地址：　　　192.168.1.1

子网掩码：　　255.255.255.0

无线状态

无线功能：　　启用

SSID：　　　　2

频段：　　　　1

模式：　　　　54Mbps（802.11g）

MAC 地址：　　D8-5D-4C-32-C4-40

IP 地址：　　　192.168.1.1

图 7-25　查看路由器状态信息

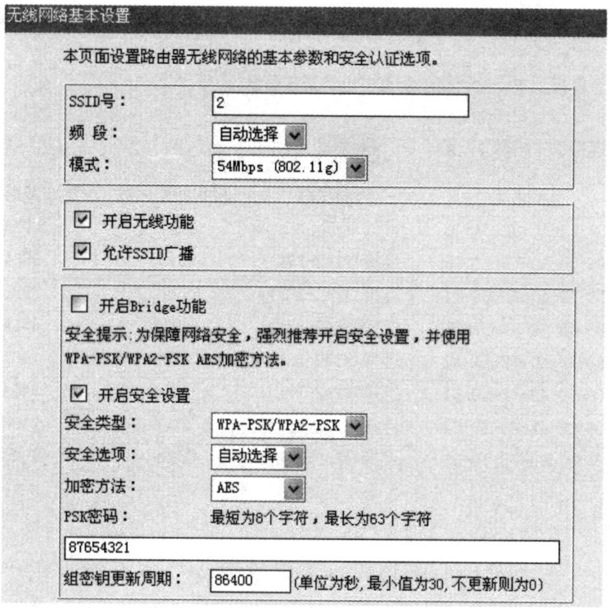

无线网络基本设置

本页面设置路由器无线网络的基本参数和安全认证选项。

SSID号：　　　2

频　段：　　　自动选择

模　式：　　　54Mbps (802.11g)

☑ 开启无线功能

☑ 允许SSID广播

☐ 开启Bridge功能

安全提示:为保障网络安全,强烈推荐开启安全设置,并使用
WPA-PSK/WPA2-PSK AES加密方法。

☑ 开启安全设置

安全类型：　　WPA-PSK/WPA2-PSK

安全选项：　　自动选择

加密方法：　　AES

PSK密码：　　　最短为8个字符,最长为63个字符

87654321

组密钥更新周期：　86400　（单位为秒,最小值为30,不更新则为0）

图 7-26　无线网络基本设置

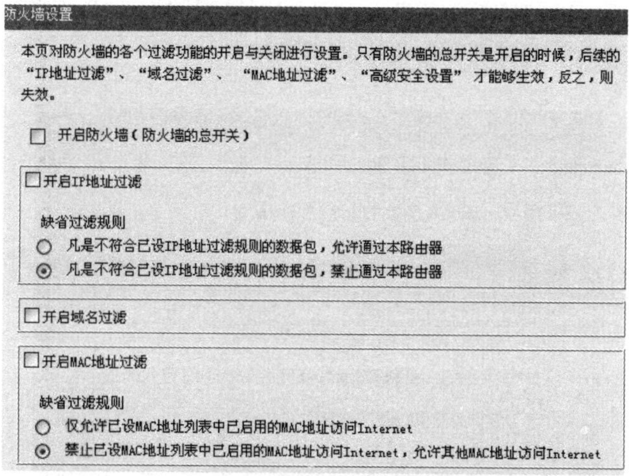

防火墙设置

本页对防火墙的各个过滤功能的开启与关闭进行设置。只有防火墙的总开关是开启的时候,后续的
"IP地址过滤"、"域名过滤"、"MAC地址过滤"、"高级安全设置"才能够生效,反之,则
失效。

☐ 开启防火墙（防火墙的总开关）

☐ 开启IP地址过滤

缺省过滤规则
○ 凡是不符合已设IP地址过滤规则的数据包,允许通过本路由器
◉ 凡是不符合已设IP地址过滤规则的数据包,禁止通过本路由器

☐ 开启域名过滤

☐ 开启MAC地址过滤

缺省过滤规则
○ 仅允许已设MAC地址列表中已启用的MAC地址访问Internet
◉ 禁止已设MAC地址列表中已启用的MAC地址访问Internet,允许其他MAC地址访问Internet

图 7-27　防火墙设置

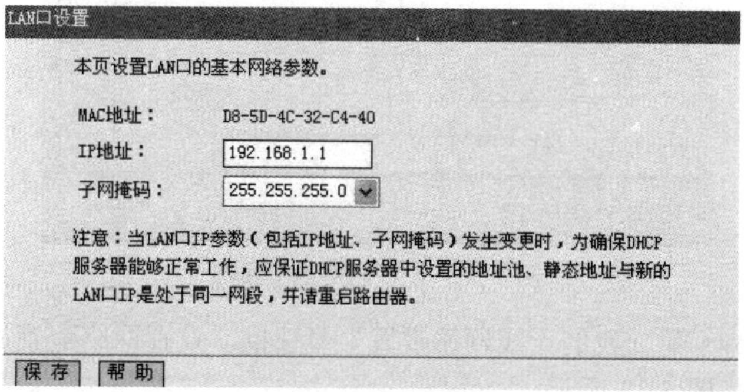

LAN口设置

本页设置LAN口的基本网络参数。

MAC地址：　　D8-5D-4C-32-C4-40

IP地址：　　　192.168.1.1

子网掩码：　　255.255.255.0

注意:当LAN口IP参数（包括IP地址、子网掩码）发生变更时,为确保DHCP
服务器能够正常工作,应保证DHCP服务器中设置的地址池、静态地址与新的
LAN口IP是处于同一网段,并请重启路由器。

保存　帮助

图 7-28　LAN口设置

无线网络主机状态

本页显示连接到本无线网络的所有主机的基本信息。

当前所连接的主机数：8   刷 新

ID	MAC地址	当前状态	接收数据包数	发送数据包数
1	D8-5D-4C-32-C4-40	启用	37611	33750
2	94-0C-6D-7D-FF-19	连接(WPA2-PSK)	13185	9804
3	D8-5D-4C-7F-5B-74	连接(WPA2-PSK)	3964	3223
4	D8-5D-4C-7F-59-D5	连接(WPA2-PSK)	4617	4314
5	D8-5D-4C-7F-5A-A3	连接(WPA2-PSK)	1790	1187
6	D8-5D-4C-7F-59-D1	连接(WPA2-PSK)	6419	3404
7	00-23-4E-D5-B3-C4	连接(WPA2-PSK)	5274	7100
8	94-0C-6D-7B-70-32	连接(WPA2-PSK)	1889	1603

图 7-29　连接主机状态

（5）设置 IP 地址：点击"控制面板"→"网络连接"→右键点击"无线网络连接"图标→"属性"→"Internet 协议（TCP/IP）"。IP 地址选"自动获得 IP 地址。

（6）设置网络连接属性：点击"控制面板"→"网络连接"→右键点击"无线网络连接"图标→"属性"→"无线网络连接属性"→"无线网络配置"→"高级"。在"高级"选项卡中选"任何可用的网络"单选按钮，如图 7-30 所示。

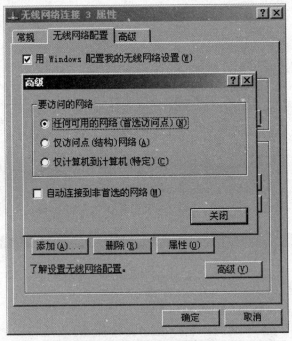

图 7-30　设置网络连接属性

选中"用 Windows 配置我的无线网络设置"复选框，设置网络配置属性为"仅计算机到计算机"，如图 7-31、图 7-32 所示。

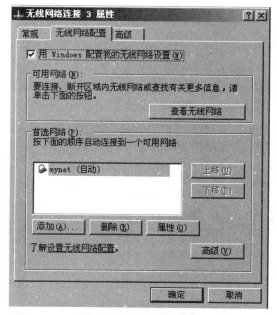

图 7-31 无线网络配置

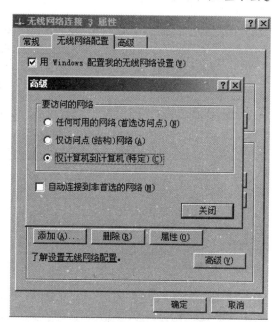

图 7-32 无线网络配置

（7）添加网络：点击图 7-31 对话框的"属性"，关联网络名称"Mynet"，如图 7-33 所示。

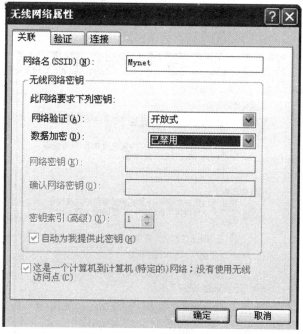

图 7-33 添加网络名

（8）设对等网 IP 地址，如图 7-34 所示。

（9）Windows XP 下的文件共享。双击"我的电脑"，在任意一个驱动器或文件夹下，在"工具"菜单中选择"文件夹"命令，选择"查看"选项卡，选中"使用简单文件共享（推荐）"复选框。用鼠标右键点击需要共享的文件，从快捷菜单中选择"共享和安全"，如图 7-35 所示。

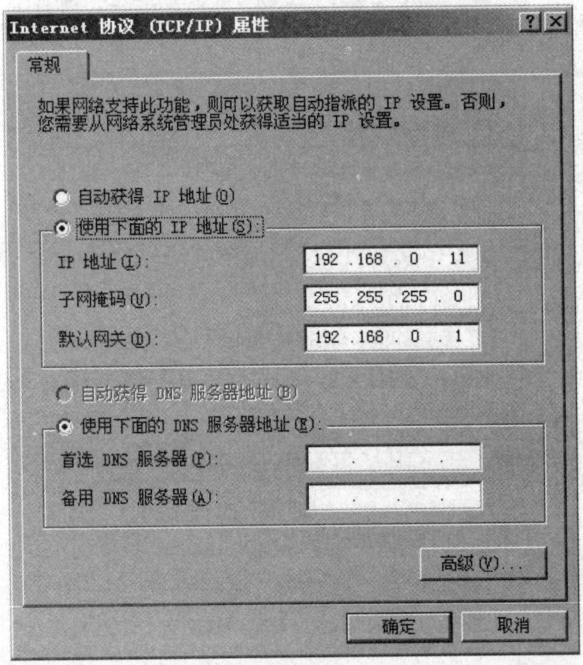

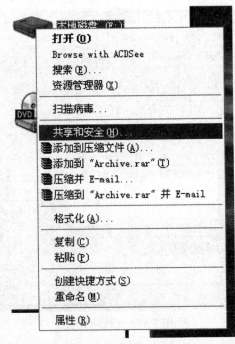

图 7-34   IP 地址设置

图 7-35   共享和安全

　　选中"在网络上共享这个文件夹"复选框，并填写共享名"无线网连接 2"，如图 7-36 所示。

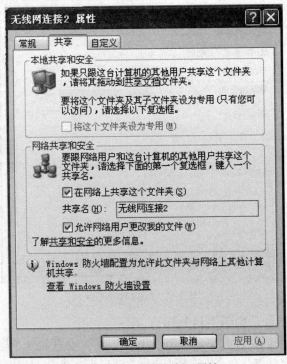

图 7-36   无线网连接 2 属性

查看网上邻居结果，如图 7-37 所示。

图 7-37　共享结果

7.5　拓展任务

拓展任务 1　组建公司无线局域网

实现要求：某公司已有一个 50 台电脑的有线局域网。由于业务的发展，现有的网络已不能满足需求，需要增加 20 台电脑（有台式机也有笔记本）的网络连接。原有的网络已通过 ADSL 宽带上网，增加的用户也要能够访问 Internet。现结合该单位的实际情况组建无线局域网，具体拓扑如图 7-38 所示。请进行无线 AP 和网络安全相关的设置。

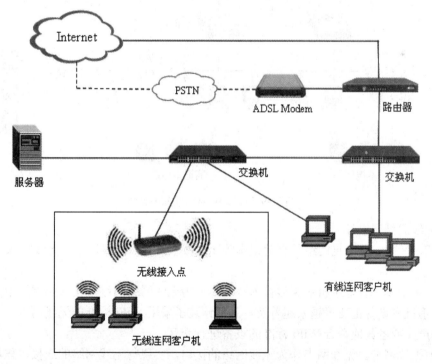

图 7-38　组建无线局域网连接示意图

拓展任务2　小型企业网络无线网络架构

无线局域网涉及的主要技术有：IEEE 802.11、蓝牙、Home R 等。其中于 2003 年 6 月制定并发布的 IEEE 802.11g，工作在 2.4GHz，传输率可达 54Mb，且能够与 802.11b 的 WiFi 系统兼容，共存于同一无线接入点网络中，因此 IEEE 802.11g 已成为目前工业界普遍认可和遵循的主流无线局域网协议。其通信速率能够完全满足传输文本、图形图像、声音、视频等业务的需要。目前，传输速率达 300Mbps 的无线局域网技术也已经成熟，更高速率和智能化的系统也在研究之中。

实现要求：本设计所使用的室外无线接入设备接收信号有效覆盖范围为半径 100m，为了减少建筑物的阻挡，将用于室外信号覆盖的平板天线和全向天线安装在楼顶位置；而用于室内的 AP 设备接收信号有效覆盖范围为半径 40m。校园 WLAN 方案拓扑如图 7-39 所示。

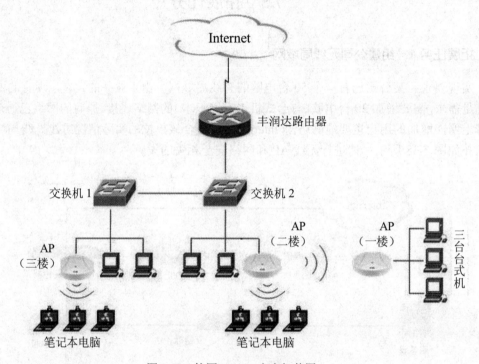

图 7-39　校园 WLAN 方案拓扑图

1. 无线局域网组件

在 WLAN 中，最常见的组件有笔记本等无线接入终端、无线网卡、无线接入点（AP）和天线。

（1）笔记本、智能手机等无线接入终端。作为无线网络的终端接入到网络中的笔记本电脑、智能手机等设备正变得越来越普及，且都预装了采用 WiFi 标准的无线网卡，可以直接与其他无线产品或者其他符合 WiFi 标准的设备进行交互。

（2）无线网卡。无线网卡作为无线网络的接口，实现与无线网络的连接，作用类似于有线网络中的以太网卡。目前较为流行的有置于笔记本内部的 PCMCIA 无线网卡及外置的 USB 接口无线网卡。PCMCIA 无线网卡仅适用于笔记本电脑，支持热插拔，便于无线接入。USB

接口适用于台式机和笔记本，安装简单，支持热插拔，得到广大用户的青睐。

（3）AP（Access Point）设备。无线 AP 作用是提供无线终端的接入功能，类似于有线网络中的交换设备。单纯性无线 AP 的工作原理是将网络信号通过网线传送过来，经过 AP 产品的编译，将电信号转换成为无线电信号发送出去。通常情况下，一个无线 AP 能够支持不超过 30 台的电脑接入，最大的覆盖距离可达 300m，当增加一个无线 AP 后，可成倍地扩展网络覆盖直径。此外，一些无线设备商还把相关的路由交换功能置于 AP 中，从而实现如 DHCP 服务、MAC 地址过滤、网络接入控制等功能。

（4）天线。无线信号随着距离的增大而减弱，当无线工作站或无线 AP 相距较远时，传输速率明显下降，甚至出现无法通信的情况。此时，就必须借助天线对收发信号进行增强。无线天线常见的有两种类型，一种是室内天线，一种是室外天线。室外天线常见的有锅状的定向增益天线和棒状的全向天线。

2. 校园无线局域网实例分析与应用

目前越来越多的校园都有自己的校园网，在日常教学和管理中也发挥着越来越大的作用。无线局域网技术的出现和不断成熟，给网络规划设计带来了福音，提出解决以下几种问题的方案：

（1）解决室内无信息点或者信息点布置不合理的问题

室内信息点不够，通过增加交换设备和网线，可以得到解决，不过对于随时增加的网络终端和位置不固定的上网位置，有线连接方式明显不够灵活，还有类似于会议室、报告厅等一些重要场所布线，会大大影响整体的美观。此时，采用 AP 信号覆盖模式是最为常用的联网方式。组建时，先将 AP 以有线方式连接到校园网，各无线终端即可通过 AP 接入校园网。AP 型号和配置可以根据室内大小和应用情况进行选择，一般室内最大的覆盖范围不超过 100m；无线终端方面，台式机需额外购置无线网卡，价格在几十元到一百多元不等，笔记本一般都自带无线网卡，故无需购买。

（2）解决教师公寓、教学楼、学生公寓等不能上网问题

在可连接校园网的楼房和不可连网的两幢建筑物之间，采用无线网络技术中点对点桥接模式的方案。即在可接入网络和不可接入网络的楼房中各架设一个 AP，把两个 AP 设置成同一网段的 IP、掩码、SSID 名称，如同有线网络中桥接的连接方式一样。考虑到信号因素的影响，在 AP 上加装无线定向增益天线进行对接，从而实现网络互连。

（3）解决笔记本电脑、PDA、手机等无线终端随时随地上网的问题

根据学校地理分布情况，在合适的地方建立无线覆盖基站，使用室外无线 AP 配合全向室外天线，采用重叠交叉无线覆盖的方式，构建室外区域的无缝无线网络。

需要注意的是：室外 AP 要有较大发射功率以保证其传输速率和接收的稳定性。天线增益也要大，使其能最大限度保护发送和接收的信号。连接室外天线和室内 AP 的天线馈线的距离要尽量缩短，并且选择损耗尽可能小的。AP 安全性也得考虑其中，无线网络的覆盖范围理论上不应超出学校范围，因此需在学校覆盖区域以外进行检查，AP 系统的账号密码的隐藏保密工作、信号的加密等也都是必需考虑的工作，以防止信息泄密或校外人员破解密码进入内网等。此外，还要注意设备本身的安全性，如安装天线避雷器、浪涌保护器等，以达到避雷防雷的目的。

项目八　电子商务中 Internet 技术应用

8.1　项目情景

小李是开封某公司外事部门员工，一个星期后计划与领导外出到杭州参加一个培训学习。公司要求小李负责行程的安排，包括城际交通、市内交通、餐饮、住宿等一切事务。

小李打开浏览器通过百度了解了参加培训地点位置信息，通过 12306 网站预订了一星期后往返的城际高铁票，通过去哪儿网预订了培训地点附近的酒店，通过美团手机客户端团购了酒店附近的美食。另外，小李还在手机上安装了一款打车软件——"滴滴出行"来负责杭州市内的交通方式。

8.2　项目分析

Internet 技术的应用已经遍及生活的每一个角落，正在改变着人们的生活方式。基于此，电子商务也得到了快速发展，它正改变着许多企业的发展模式。在电子商务活动中，基于 Internet 技术也有许多创新的商业模式，如基于位置的服务——"滴滴出行"、各种团购网等等。

小李足不出户就把千里之外的事务安排妥当，充分利用了现有网络技术在电子商务中的应用。本项目将重点讲解 Internet 技术在电子商务中的应用，包含浏览器的应用、搜索引擎的高级搜索功能、LBS 的应用案例以及网络营销等知识。

8.3　知识准备

一、Internet 与电子商务

浏览器是指可以显示网页服务器或者文件系统的 HTML 文件（标准通用标记语言的一个应用）内容，并让用户与这些文件交互的一种软件。它用来显示在万维网或局域网等内的文字、图像及其他信息。这些文字或图像，可以是连接其他网址的超链接，用户可迅速及轻易地浏览各种信息。大部分网页为 HTML 格式。

传统的电子商务（Electronic Commerce）是在 Internet 开放的网络环境下，基于浏览器/服务器应用方式，实现消费者的网上购物、商户之间的网上交易和在线电子支付的一种新型的商业运营模式。

简而言之，电子商务就是基于互联网的一个产业，通过互联网实施商业交易。打破了时空的界限，使用户可以搜索到需要的商务信息，通过即时通讯工具进行商务信息的沟通与交流及在线的客户服务，通过论坛、微博、微信实现"一对一""一对多"的网络营销等等。

二、搜索引擎工作原理

搜索引擎（Search Engine）是指根据一定的策略、运用特定的计算机程序从互联网上搜集信息，在对信息进行组织和处理后，为用户提供检索服务，将用户检索相关的信息展示给用户的系统。搜索引擎包括全文索引、目录索引、元搜索引擎、垂直搜索引擎、集合式搜索引擎、门户搜索引擎与免费链接列表等。其工作原理如下：

第一步：爬行

搜索引擎通过一种特定规律的软件跟踪网页的链接，从一个链接爬到另外一个链接，像蜘蛛在蜘蛛网上爬行一样，所以被称为"蜘蛛"，也被称为"机器人"。搜索引擎蜘蛛的爬行是被输入了一定的规则的，它需要遵从一些命令或文件的内容。

第二步：抓取存储

搜索引擎是通过蜘蛛跟踪链接爬行到网页，并将爬行的数据存入原始页面数据库。其中的页面数据与用户浏览器得到的 HTML 是完全一样的。搜索引擎蜘蛛在抓取页面时，也做一定的重复内容检测，一旦遇到权重很低的网站上有大量抄袭、采集或者复制的内容，很可能就不再爬行。

第三步：预处理

搜索引擎将蜘蛛抓取回来的页面，进行各种步骤的预处理，主要包括：提取文字、中文分词、消除噪音（搜索引擎需要识别并消除这些噪声，比如版权声明文字、导航条、广告等……）、正向索引、倒排索引、链接关系计算、特殊文件处理等等。

第四步：排名

用户在搜索框输入关键词后，排名程序调用索引库数据，计算排名显示给用户，排名过程与用户是直接互动的。但是，由于搜索引擎的数据量庞大，虽然能达到每日都有小的更新，但是一般情况搜索引擎的排名规则都是根据日、周、月阶段性进行不同幅度的更新。

三、基于位置的服务

（一）基于位置的服务概念

基于位置服务（LBS，Location Based Services）又称定位服务，LBS 是由移动通信网络和卫星定位系统结合在一起提供的一种增值业务，通过一组定位技术获得移动终端的位置信息（如经纬度坐标数据），提供给移动用户本人或他人以及通信系统，实现各种与位置相关的业务。实质上是一种概念较为宽泛的与空间位置有关的新型服务业务。

LBS 包含两层含义：一层含义是确定目标的位置，即用户或移动设备所在的地理位置；另外一层就是为目标位置提供有关的各类信息服务，简称"定位服务"。总的来说 LBS 就是利用互联网或无线网络为固定用户或移动用户完成定位服务。

（二）基于位置的服务的移动定位技术

手机定位技术一般分为两种：一种是利用 GPS 定位技术，另一种则是利用基站定位技术对手机进行定位的一种技术。基于 GPS 的定位方式是利用手机上的 GPS 定位模块将自己的位置信号发送到定位后台来实现手机定位。基站定位则是利用基站对手机的距离的测算来确定手机位置的。后者不需要手机具有 GPS 定位动能，但是精度很大程度上依赖于基站的密度，有时误差会超过一公里。前者定位精度较高。此外还有利用 WiFi 在小范围内定位的方式。两种定位方式如图 8-1 所示。

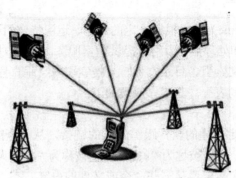

图 8-1　手机 GPS 定位方式与基站定位方式

GPS 定位属于精确定位，误差范围在 20m 以内。普通支持 GPS 定位的手机能实现自我定位，即通过手机查看自己的位置，但在行业应用中通常指第三方，也就是他人能通过 GPRS 传输获取 GPS 手机的位置。GPS 定位不依赖于基站信息，从卫星获取经纬度信息后通过 GPRS 传输至调度平台。

基于 CELL ID 基站定位技术以及 MSC 城市定位技术。手机只要有信号，就说明存在于基站的覆盖下。首先，能够确定手机所属基站的地理位置，通过所属基站，能够确定其相邻基站，即可划定出一片区域，利用三个相邻基站，就可以确定该三角区域中的具体点。在实际计算过程中是通过多个（最多 32 个）三角区域的中心计算出的结果。

四、基于网络的营销技术

网络营销是以现代营销理论为基础，借助网络、通信和数字媒体技术实现营销目标的商务活动，是科技进步、顾客价值变革、市场竞争等综合因素促成；是信息化社会的必然产物。网络营销根据其实现方式有广义和狭义之分，广义的网络营销指企业利用一切计算机网络进行营销活动，而狭义的网络营销专指国际互联网营销。

网络营销和电子商务是一对紧密相关又具明显区别的概念，两者很容易混淆。电子商务的内涵很广，其核心是电子化交易，电子商务强调的是交易方式和交易过程的各个环节。网络营销的定义已经表明，网络营销是企业整体战略的一个组成部分。网络营销本身并不是一个完整的商业交易过程，而是为促成电子化交易提供支持，因此是电子商务中的一个重要环节，尤其是在交易发生前，网络营销发挥着主要的信息传递作用。

网络营销方式非常多，形式多样，是目前创新力度最活跃的一种商业模式，主要包括：搜索引擎营销 SEM、搜索引擎优化 SEO、电子邮件营销、即时通讯营销、病毒式营销、微博营销、微信营销、视频营销、O2O 立体营销、自媒体营销等。

8.4　任务分解

任务 1　浏览器的使用

IE（Internet Explorer）浏览器是 Windows 操作系统自带的应用软件，用于浏览 Internet 上

的网页信息，获取希望得到网络资源的导航工具，是一种交互式的应用程序。

一、任务目的

1. 掌握如何使用客户端的 Internet Explorer 浏览网站信息。
2. 掌握使用浏览器快速访问 Web 站点的技巧。

二、任务描述

某实验室有 20 台个人计算机，且计算机安装有 IE 浏览器程序，能够接入互联网，如何使用 IE 浏览器浏览 Internet 中的 Web 信息？如何利用 IE 浏览器对 Web 站点实现快速访问？

三、任务实现

（一）浏览 Web 信息

通过 IE 浏览器浏览 Web 信息可以通过两种方式进行。

（1）使用地址栏：打开 IE 浏览器，在地址栏内输入要浏览网站的 URL 地址，如 http://www.163.com，按 Enter 键，即可打开该网站，如图 8-2 所示。

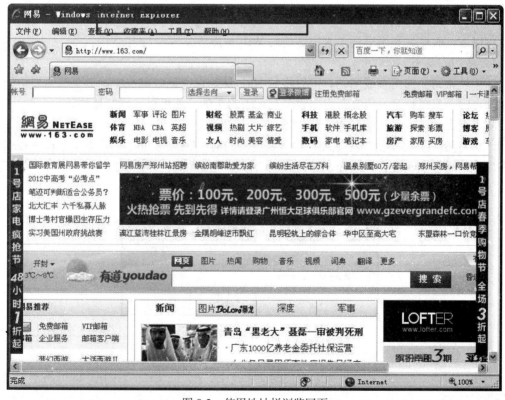

图 8-2　使用地址栏浏览网页

（2）使用搜索栏：打开 IE 浏览器，在搜索栏内输入待查找的内容之后，点击右侧的"搜索"按钮就可进行搜索。如，在搜索栏中输入关键字"计算机网络"，点击"搜索"按钮，结果如图 8-3 所示。

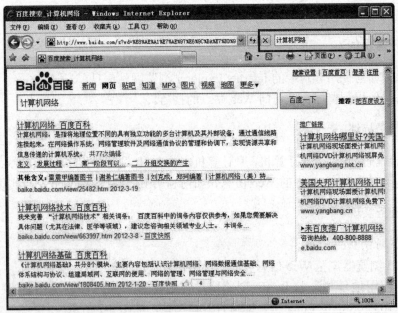

图 8-3   使用搜索栏浏览网页

（二）快速访问 Web 站点

可以通过收藏夹和历史记录来快速访问 Web 站点。

1．使用收藏夹

对于经常访问的网页或网站，可以将其 URL 地址保存到收藏夹中，当下次需要访问该页面或站点时，只需打开收藏夹，点击收藏夹列表的选项，就可以实现快速的访问。

将页面添加到收藏夹的操作步骤如下：

（1）打开 IE 浏览器，在地址栏输入要访问的网页/网站地址之后，在菜单栏中点击"收藏夹"→"添加到收藏夹"命令，系统弹出"添加收藏"对话框，如图 8-4 所示。

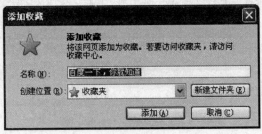

图 8-4   "添加收藏"对话框

（2）在"名称"文本框中输入网页的名称，"创建位置"默认情况下为"收藏夹"，您还可以点击"新建文件夹"按钮，命名自己的文件夹名。点击"添加"按钮，即可将当前网页保存到收藏夹中。

2．使用历史记录

历史记录中列出了用户在近段时间内访问过的页面。用户可以通过历史记录列表来访问曾经访问过的网页。具体操作步骤为：打开 IE 浏览器，点击菜单栏"查看"→"浏览器栏"→"历史记录"命令，可以打开历史记录，如图 8-5 所示。

图 8-5　显示历史记录

历史记录按日期组织的网页地址信息进行显示。点击某一时间的文件夹，再点击文件夹中需要访问的网页，浏览器会立即打开该网页。

3．设置主页

主页是打开浏览器时最先访问并显示的网页，用户可以将打开浏览器时希望首先访问的网页设置为主页。具体操作步骤为：打开 IE 浏览器，在菜单栏中点击"工具"→"Internet 选项"命令，如图 8-6 所示。

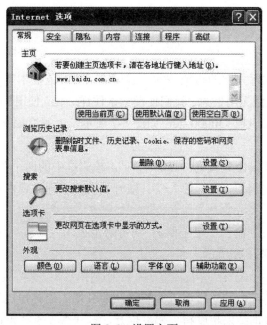

图 8-6　设置主页

在"主页"选项区的列表框中输入要访问的页面的 URL 地址，如"www.baidu.com"，然后点击"应用"按钮即可把该站点设置为主页。

任务2　搜索引擎的使用

因特网上的信息浩瀚万千，而且毫无秩序。搜索引擎指自动从因特网搜集信息，经过一定整理以后，提供给用户进行查询的系统，它为用户绘制了一幅一目了然的信息地图，供用户随时查阅。

搜索引擎主要包括三类：第一类为全文搜索引擎，从互联网提取各个网站的信息（以网页文字为主），建立起数据库，并能检索与用户查询条件相匹配的记录，按一定的排列顺序返回结果。国外有 Google，国内则有百度。第二类为目录索引，是按目录分类的网站链接列表。最具代表性的有 Yahoo、新浪分类目录搜索。第三类为元搜索引擎，接受用户查询请求后，同时在多个搜索引擎上搜索，并将结果返回给用户。

本任务的任务实现部分使用的是 Google 搜索引擎。

一、任务目的

1．了解搜索引擎的基本概念。
2．掌握搜索引擎的使用。

二、任务描述

某电子商务企业的员工小张被上级安排了一个任务，向客户讲解电子商务领域病毒方面的防范技术，小张如何利用搜索引擎检索这方面的信息，完成上级安排的任务呢？

三、任务实现

（一）基本搜索

1．搜索条件详细化

查找电子商务领域病毒方面的防范技术，若仅输入"防范技术"，找到约 12300000 条结果，这么多结果中会有大量无用信息。我们使搜索条件详细化，使用"电子商务病毒防范技术"条件搜索，查询结果会缩小到730000 条，如图 8-7 所示，大幅度提高了搜索效率。

2．用好逻辑命令

百度搜索引擎支持逻辑命令查询：逻辑"与"，检索框中的两个关键词之间用空格隔开则默认是"AND"连接；逻辑"非"，用"－"（减号）表示，同时要求在减号前保留一个空格；逻辑"或"，用"OR"表示。

我们可以利用逻辑命令输入"电子商务 病毒防范技术 -交易 -措施"搜索条件，可以使结果精确到8050 条，如图 8-8 所示。

3．精确匹配搜索

使用""引号（英文字符引号）可以进行精确匹配查询，也称短语搜索。这里输入""电子商务病毒防范技术""，查询结果精度将大幅度提升，只获得 1 条结果，如图 8-9 所示。

 电子商务病毒防范技术　　　　　　　　　　　　　　　　　　　　　　◎　百度一下

网页　新闻　贴吧　知道　音乐　图片　视频　地图　文库　更多»

百度为您找到相关结果约730,000个　　　　　　　　　　　　　　　　▽搜索工具

电子商务病毒的类型和如何防范_百度知道
2个回答 - 提问时间: 2016年01月04日
【专业】答案:电子商务病毒的类型有(1)信息机密性面临的威胁:主要指信息在传输过程中被盗听
(2)信息完整性面临的威胁:主要指信息在传输的过程中被篡改、删除或插入(3)...
zhidao.baidu.com/link?... ▾

📄 **电子商务网站的安全防范技术_百度文库**
2012年12月1日 - 电子商务网站的安全防范技术摘 要:论述了在构建电子商务网站时应采取的安
全措施:防火墙技术、入侵检测系统、网络漏洞扫描器、防病毒系统和安全认证系...
https://wenku.baidu.com/view/b... ▾ V₃
　　电子商务安全技术第二章防范病毒.ppt　　　　　评分:3/5　　　　79页
　　更多文库相关文档>>

电子商务中网络信息安全及病毒的防范_百度文库
电子商务中网络信息安全及病毒的防范 摘要:本文以影响电子商务网络安全的主要因素为突破
口,从不同角度了解 影响电子商务网络安全的因素,重点分析防范各种不利于计算机...
https://wenku.baidu.com/view/9... ▾ V₃ - 百度快照

电子商务安全防范技术_百度学术
邢小东、侯飞、李千路 - 《山西大同大学学报(自然科学版)》 - 2011 - 被引量:6
摘 要:论述了在Internet构建电子商务网站时应采取的安全措施:访问控制技术、防火墙技术、入
侵检测技术、防病毒技术和安全认证系统,以及它们之间的相互配合。
xueshu.baidu.com ▾

电子商务实现的安全技术:防病毒技术_中国电子商务研究中心
2012年3月5日 - (中国电子商务研究中心讯)从反病毒产品对计算机病毒的作用来讲,防毒技术可
以直观地分为:病毒预防技术、病毒检测技术及病毒清除技术。 1、计算机病毒的...
b2b.toocle.com/detail-... ▾ - 百度快照

图 8-7　搜索条件详细化的查询结果

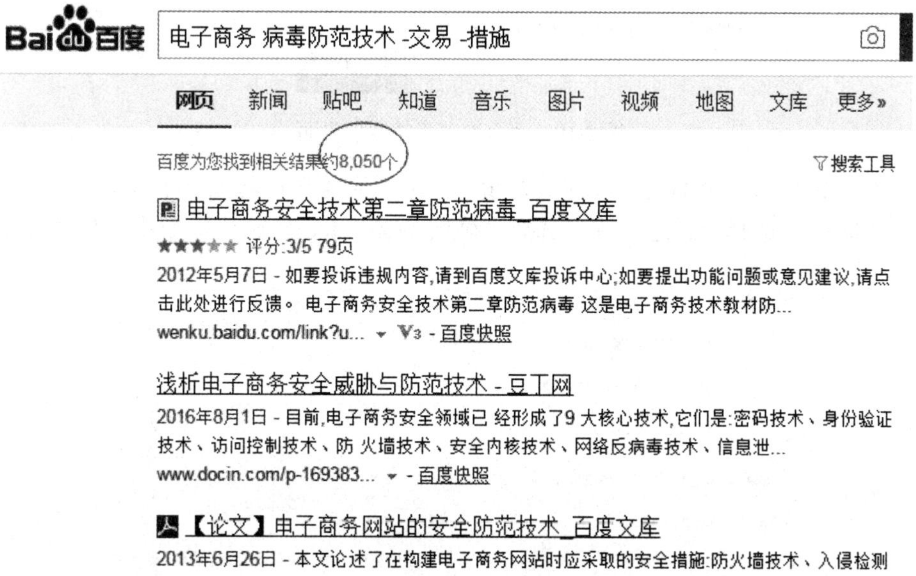

Baidu百度　　电子商务 病毒防范技术 -交易 -措施　　　　　　　　　　◎

网页　新闻　贴吧　知道　音乐　图片　视频　地图　文库　更多»

百度为您找到相关结果约8,050个　　　　　　　　　　　　　　　　▽搜索工具

📃 **电子商务安全技术第二章防范病毒_百度文库**
★★★☆☆ 评分:3/5 79页
2012年5月7日 - 如要投诉违规内容,请到百度文库投诉中心;如要提出功能问题或意见建议,请点
击此处进行反馈。 电子商务安全技术第二章防范病毒 这是电子商务技术教材防...
wenku.baidu.com/link?u... ▾ V₃ - 百度快照

浅析电子商务安全威胁与防范技术 - 豆丁网
2016年8月1日 - 目前,电子商务安全领域已 经形成了9 大核心技术,它们是:密码技术、身份验证
技术、访问控制技术、防 火墙技术、安全内核技术、网络反病毒技术、信息泄...
www.docin.com/p-169383... ▾ - 百度快照

📕 **【论文】电子商务网站的安全防范技术_百度文库**
2013年6月26日 - 本文论述了在构建电子商务网站时应采取的安全措施:防火墙技术、入侵检测

图 8-8　使用逻辑命令的查询结果

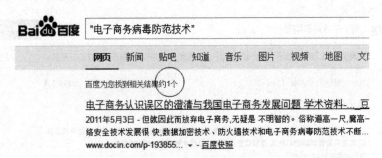

图 8-9　精确匹配搜索

（二）高级搜索

1．搜索指定类型的文档

这里我们搜索关于"电子商务病毒防范技术"的 Word 文档。

（1）打开 360 浏览器，输入百度的域名 http://www.baidu.com，点击"设置"→"高级搜索"，打开"百度高级搜索"界面，如图 8-10 所示。

图 8-10　"百度高级搜索"界面

（2）在"包含以下全部的关键词"处输入"电子商务病毒防范技术"，点击"文档格式"下拉菜单，"时间"选择"最近一周"选择"微软 Word(.doc)"选项，如图 8-11 所示。

图 8-11　选择"Microsoft Word(.doc)"

（3）点击"高级搜索"按钮，百度搜索引擎会列出满足搜索要求的所有链接，如图 8-12 所示。

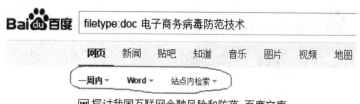

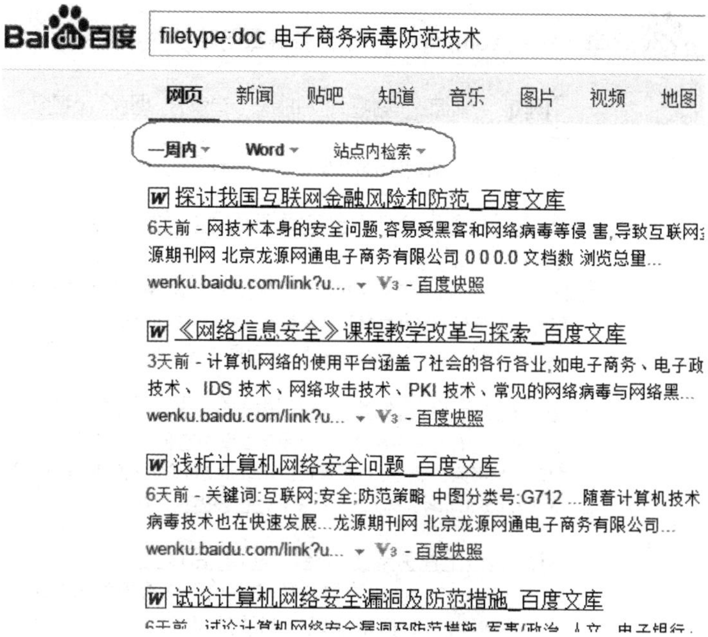

图 8-12 搜索指定类型的文档

2．对搜索结果进行限制

这里我们搜索关于"电子商务病毒防范技术"的网页，要求搜索结果限定来自于".com"域类型，且关键词出现在网页标题中。

（1）打开 IE 浏览器，输入百度的域名 http://www.baidu.com，点击"高级搜索"，打开"百度高级搜索"界面。

（2）在"以下所有字词"处输入"电子商务病毒防范技术"，在"网站或域"处输入".com"，在"关键词位置"处点击下拉菜单，选择"仅网页的标题中"，如图 8-13 所示。

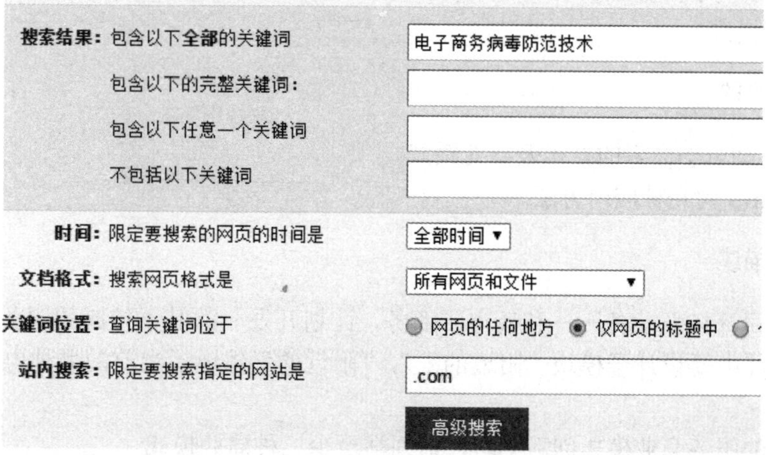

图 8-13 对搜索结果进行限制

（3）点击"高级搜索"按钮，百度搜索引擎会列出满足搜索要求的所有链接，如图 8-14 所示。

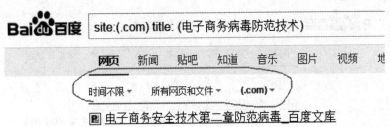

图 8-14　对搜索加以限制的结果

任务 3　基于位置的网络服务

LBS 的概念虽然提出的时间不长，但其发展已经有相当长的一段历史。LBS 首先从美国发展起来，起源于以军事应用为目的所部署的全球定位系统（Global Positioning System, GPS），随后在测绘和车辆跟踪定位等领域开始应用。当 GPS 民用化以后，产生了以定位为核心功能的大量应用，直到 20 世纪 90 年代后期，LBS 及其所涉及的技术才得到广泛的重视和应用。近年来随着智能手机的普及，LBS 得到了非常迅速的发展。

LBS 应用于电子商务主要有以下几种商业模式：LBS+休闲娱乐模式、LBS+生活服务模式、LBS+社交模式。

一、任务目的

1．熟悉移动电子商务的技术及商业模式。
2．掌握 LBS 的几种应用方法。

二、任务描述

某电商公司开拓新业务——移动电子商务，计划开发一款基于校园的服务软件，旨在服务校园师生，其中要设计子模块"附近的…"，"附近的"体现了当前的哪种电子商务的商业模式？

基于位置的服务商业模式创新不断，请列举至少三种商业模式。

三、任务实现

1．LBS+休闲娱乐模式

去哪儿是一个旅游搜索引擎中文在线旅行网站，创立于 2005 年 2 月。"去哪儿"为旅游者提供国内外机票、酒店、会场、度假和签证服务的深度搜索，帮助旅游者做出更好的旅行选择。凭借搜索技术，"去哪儿"网站对互联网上的机票、酒店、会场、度假和签证等信息进行整合，为用户提供及时的旅游产品价格查询和信息比较服务。

首先扫描二维码下载"去哪儿"网移动客户端，免费注册为会员，如图 8-15 所示。

图 8-15　扫描二维码下载"去哪儿"网客户端

安装完成后，打开客户端，填入手机号进行验证注册，如图 8-16 所示。

注册成功后登录客户端界面，在"我的"查看个人资料等信息，如图 8-17 所示。

图 8-16　"去哪儿网"验证注册

图 8-17 注册成功登录界面

回到"去哪儿"网 APP 首页，选择周边游，APP 根据定位自动搜索周边游玩信息，如图 8-18 所示。该客户端 APP 提示客户打开 GPS 以获取到更精确的位置信息，然后根据客户端所在位置为客户推荐周边信息。"去哪儿"网手机客户端的应用，是基于位置服务的成功的商业模式之一。

图 8-18 基于位置的周边游活动界面

2．LBS+生活服务模式

"滴滴出行"是涵盖"出租车""专车""快车""顺风车""代驾""试驾大巴"等多项业

务在内的一站式出行平台，2015 年 9 月 9 日由"滴滴打车"更名而来，并且接入 ImCC 系统。"滴滴出行"APP 改变了传统打车方式，并培养出大移动互联网时代下引领的用户现代化出行方式。

　　图 8-19 是"滴滴出行"中"出租车"功能的截图，该 APP 软件自动定位乘客所在位置（开封大学-东京大道校区南门），乘客通过软件可以实时看到出租车所在位置。

图 8-19　滴滴出行——出租车功能界面图

　　选择要去的目的地，例如输入"火车站"关键字，软件自动搜索关键字供乘客选择，如图 8-20 所示。

图 8-20　呼叫附近的出租车

确定 APP 的定位信息后，选择"呼叫出租车"，信息在特定范围内进行广播，即将此出行任务单推送至附近的出租车司机手机端，司机开始接单。

"滴滴出行"除了"出租车"功能外，还推出了"顺风车"服务。图 8-21 是"滴滴出行"中"顺风车"功能，该功能可以根据车辆的远近信息进行综合排序，方便乘客有选择地进行后续操作。

图 8-21　"顺风车"搜索附近车主的结果

3．LBS+社交模式

微信（WeChat）是腾讯公司于 2011 年 1 月 21 日推出的一个为智能终端提供即时通讯服务的免费应用程序，微信提供公众平台、朋友圈、消息推送等功能，用户可以通过"摇一摇""搜索号码""附近的人"扫二维码等方式添加好友和关注公众平台，同时微信将内容分享给好友以及将用户看到的精彩内容分享到微信朋友圈。

登录微信软件后，在"发现"菜单里可以找到"附近的人"服务，如图 8-22 所示为"附近的人"功能。

图 8-22　微信"附近的人"功能界面

在搜索附近的人同时，用户的位置信息也将被记录在软件里。同样地，他人在搜索附近的人时也能搜索到自己的位置信息。图 8-23 为"附近的人"搜索结果。

图 8-23　"附近的人"搜索结果图

微信将会根据您的地理位置找到在附近同样开启本功能的人。开启此功能时，建议打开 GPS 功能，以便获取到更准确的位置信息。微信中"附近的人"服务是典型的基于位置的服务（LBS）应用之一。

任务 4　基于 Internet 技术的营销应用

网络营销是以现代营销理论为基础，借助网络、通信和数字媒体技术实现营销目标的商务活动，由科技进步、顾客价值变革、市场竞争等综合因素促成，是信息化社会的必然产物。网络营销根据其实现方式有广义和狭义之分，广义的网络营销指企业利用一切计算机网络进行营销活动，而狭义的网络营销专指国际互联网营销。

从营销的角度出发，网络营销是建立在互联网基础之上、借助于互联网来更有效地满足顾客的需求和愿望，从而实现企业营销目标的一种手段。网络营销不是网上销售，不等于网站推广，网络营销是手段而不是目的，它不局限于网上，也不等于电子商务，它不是孤立存在的，不能脱离一般营销环境而存在，它应该被看做传统营销理论在互联网环境中的应用和发展。

一、任务目的

1. 理解营销与网络营销的关系。
2. 掌握现代网络营销常用手段。

二、任务描述

网络营销主要是利用互联网技术来实现新型营销目标的一种方式，正是因为它具备传播范围广泛、速度超快、不受时空限制、成本低等特征，被越来越多的企业所关注。

本节任务要求对某网店进行网络营销环境分析、网络市场细分及目标市场选择，从而制定出网店的网络营销设计方案，并进行网店财务费用预算及网店的网络营销效果评估。在制定出完整的网络营销策划方案的基础上实施，以达到提高网店销量，增大网店信誉度、知名度的效果。

三、任务实现

1. 基于 Web 网站的网络营销

基于 Web 网站的网络营销是较为传统的营销方式之一，也是网络营销的主要实现手段。包括搜索引擎注册、网络广告、交换链接、信息发布、会员定制等方法。如图 8-24 所示是通过百度搜索引擎输入关键字"海尔"搜索出来的结果。

图 8-24　关键字"海尔"搜索出来的结果

打开海尔官网结果如图 8-25 所示，各种促销活动位于网站的最显眼位置。

2. 基于搜索引擎的营销

基于搜索引擎的营销就是根据用户使用搜索引擎的方式，利用用户检索信息的机会尽可能地将营销信息传递给目标用户。简单来说，搜索引擎营销就是基于搜索引擎平台的网络营销，利用人们对搜索引擎的依赖和使用习惯，在人们检索信息的时候将信息传递给目标用户。搜索引擎营销的基本思想是让用户发现信息，并通过点击进入网页，进一步了解所需要的信息。企业通过搜索引擎付费推广，让用户可以直接与公司客服进行交流、了解，实现交易。如图 8-26 所示，在百度搜索引擎中输入"国际教育"，在得到的 26000000 个结果中，用户可能更直接地了解到"爱迪"这一国际学校。这就是基于搜索引擎的手段之一。

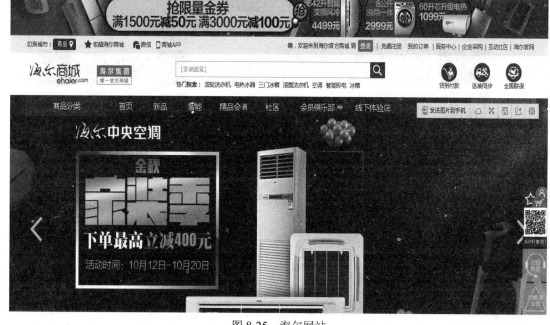

图 8-25 海尔网站

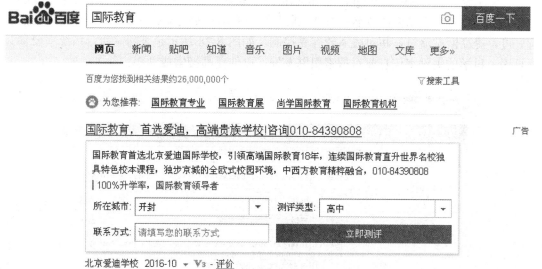

图 8-26 基于搜索引擎的营销

（1）竞价排名

竞价排名是把企业的产品、服务等通过关键词的形式在搜索引擎的平台上作推广，它是一种按效果付费的搜索引擎服务，用少量的投入就可以给企业带来大量的潜在客户，有效提升企业销售额。如百度、谷歌、阿里巴巴等都提供竞价排名服务。

如图 8-27 所示是在百度搜索引擎里输入"旅游"两字的搜索结果，按照顺序，淘宝旅游、诚信旅行社、携程、途牛等知名旅游公司在百度搜索引擎中进行了网络营销。根据赞助商所支付的费用多少进行排序。赞助费越高排名越靠前。

图 8-27　基于搜索引擎的竞价排名

（2）搜索引擎优化

搜索引擎优化（Search Engine Optimization，SEM）是一种利用搜索引擎的搜索规则来提高网站在有关搜索引擎内的排名的方式。通过优化网站内部结构和外部链接等来提升搜索引擎友好度，提高网站流量，相对成本较容易控制。如图 8-28 所示是某网站后台系统主要参数设置页面，科学的关键字信息要对搜索引擎友好，以便提高搜索成功率。

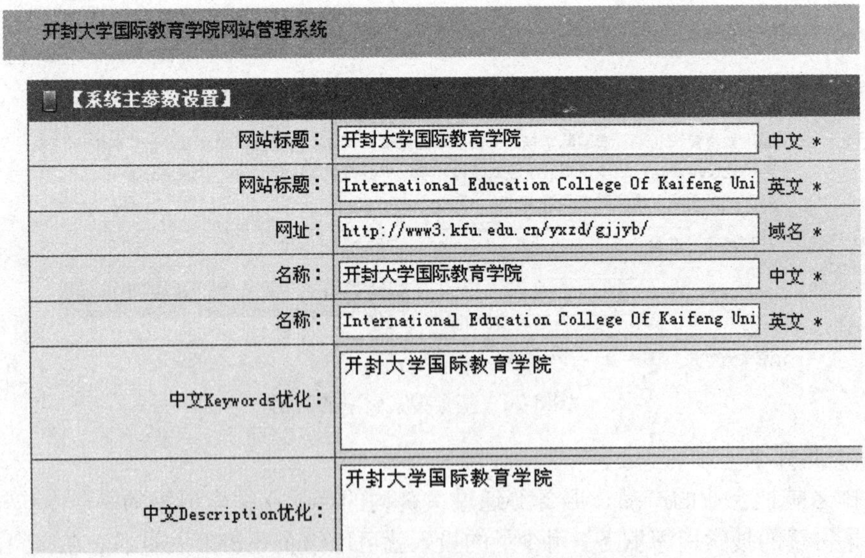

图 8-28　某网站后台系统参数设置页面

3．基于 Web 2.0 的网络营销

Web 2.0 是相对 Web 1.0 的新一代互联网应用的统称。Web 1.0 的主要特点在于用户通过浏览器获取信息。Web 2.0 则更注重与用户的交互，用户既是网站内容的浏览者，也是网站内容的制造者。Web 2.0 营销是指对 Blog 营销、RSS 营销、微博营销、微信营销、QQ 营销等 Web 2.0 技术的一种综合表现。

（1）QQ 营销

腾讯 QQ（简称"QQ"）是腾讯公司开发的一款基于 Internet 的即时通信（IM）软件。腾讯 QQ 支持在线聊天、视频通话、点对点断点续传文件、共享文件、网络硬盘、自定义面板、QQ 邮箱等多种功能，并可与多种通信终端相连。起初人们将 QQ 当做即时通信工具使用，随着 QQ 用户数量的剧增以及功能的增加，QQ 部分功能开始演变为一种商业模式，出现 QQ 智能客户端广告、QQ 空间、QQ 群等形式的营销。

其中，QQ 智能终端拥有 8.4 亿活跃账户，整体最高同时在线账户数达 2.4 亿。基于腾讯海量用户行为数据和跨屏账户体系，QQ 客户端广告可以支持人群属性标签、LBS、场景定向等多种灵活、精准的人群触达方式，是适用于移动应用下载、电商购买、品牌活动等多种广告目标的原生社交广告。例如 QQ 购物号，这是腾讯公司推出的原生化信息广告，可高效、精准触达海量 QQ 用户，其通过图文形式提升广告对用户的吸引力。如图 8-29 所示为 QQ 购物号营销截图。

图 8-29　QQ 购物号

（2）微博营销

微博是一种通过关注机制分享简短信息的广播式的社交网络平台。随着微博的火热，催生了相关的营销方式——微博营销。微博营销就是借助于微博这一平台进行的包括品牌推广、活动策划、个人形象包装、产品宣传等的一系列营销活动。

（3）微信营销

微信营销是网络经济时代企业或个人营销模式的一种，是伴随着微信的火热而兴起的一种网络营销方式。微信不存在距离的限制，用户注册微信后，可与周围同样注册的"朋友"形成一种联系，订阅自己所需的信息，商家通过提供用户需要的信息，推广自己的产品，从而实现点对点的营销。

微信营销主要体现在对安卓系统、苹果系统的手机或者平板电脑中的移动客户端进行的区域定位营销，商家通过微信公众平台，结合转介率微信会员管理系统展示商家微官网、微会员、微推送、微支付、微活动，已经形成了一种主流的线上线下微信互动营销方式。如图8-30所示是微信公司利用公众号平台推出的微信游戏。

图8-30　微信游戏营销方式

8.5　拓展任务

拓展任务1　基于LBS的创新应用

1．LBS+签到服务

整合型地理位置签到服务（location check-in aggregator）是指可以将地理位置信息同时签到到多个提供地理位置服务的网站，这类服务是伴随着大量类Foursquare的出现而出现的，类Foursquare服务包括：Brightkite、Gowalla以及Facebook、Twitter将推出的地理位置服务，还包括 Google Latitude 和 Whrrl 等等，已经出现的此类服务有：由 Brightkite 推出的服务，可以支持一次性将地理位置同时签到到 Foursquare、Brightkite、Gowalla、Whrrl 和 Trioutnc；另一个是 FootFeed，支持将地理位置信息同时签到到 Foursquare、Brightkite、Gowalla 和 Facebook，并且可以同时管理多个网站上的联系人。

2．LBS+餐饮服务

大众点评是近年来比较成功的商业服务平台之一。它比较容易想到的功能就是基于地理位置的周边搜索，大众点评已经推出了 Android 和 iPhone 客户端，用户可以搜索周边的一些饭店餐饮信息，同样的，基于地理位置的其他的周边搜索服务（娱乐等）应该也有很大的需求，美团团购网，可以搜索周边的商家发现更多优惠活动。如图 8-31 所示为大众点评在附近搜索美食的结果，根据距离的远近进行排列。

图 8-31　大众点评的附近搜索功能

3．LBS+游戏

基于地理位置的游戏（LBG，Location Based Game）应该是又一个值得被关注的地理位置领域的方向，Foursquare 的成功有多方面的原因，其勋章+Mayor 的方式激发了很多的签到的兴趣，其实这个签到+勋章+Mayor 的模式也可以认为是一种基于地理位置的游戏，只不过是一种相对较容易的游戏。而像类似于 My Town 则是一种基于地理位置+小游戏的模式，加入了更多的游戏元素，采用签到+房产买卖的模式，并且引入了道具的游戏元素，由于有了更多的游戏元素，这一类的基于地理位置的游戏也有可能发展出一些的不同于 Foursquare 的盈利方式。国内的 16Fun 也是这方面的实践者。

拓展任务 2　网店网络营销环境分析

本网点主要经营的产品包括服装、包包、鞋子和小饰品等。网店的管理包括网店装修、物流管理、宝贝管理等。售后服务包括短信提醒、售后保障卡、个性化服务。

本拓展任务要求对 A 网店进行网络营销环境分析、网络市场细分及目标市场选择，从而制定出网店的网络营销设计方案，并进行网店财务费用预算及网店网络营销效果评估。在制定出完整的网络营销策划方案的基础上实施，以达到提高网店销量，增大网店信誉度、知名度的效果。

实现要求 1：

1．宏观环境分析

（1）人口环境分析。近年来随着网民的数量不断增长，2014 年 6 月网民规模达 6.32 亿，半年总计新增网民人数达 1442 万人。

（2）网络经济环境分析。在线交易金额为 7534.2 亿元，环比增长 16.29%，同比增加 76.21%。

（3）网络政治法律环境分析。国家加强了对网络营销的法律法规支持力度，相关部门出台了一系列政策规章制度。

（4）网络社会文化环境在教育水平、价值观念、风俗习惯和审美观念也有一定的提高。

2．微观环境分析

（1）供应商分析。A 网店主要供应商是广州叮猫服饰有限公司，货量稳足，厂家货物齐全，品质优良，售后有保障，价格较为低廉。

（2）网络消费者分析。包括消费心理分析和消费者行为分析。其中消费心理分析包括个性消费回归、消费的超前性和从众心理。消费者行为分析包括情感消费和环境因素影响。

（3）竞争者分析。淘宝创业者越来越多，其中秋水伊人天猫旗舰店和韩都衣舍天猫旗舰店成为本店的强有力竞争对手。A 网店学习其他名牌店铺的经营理念，以此来提高本店的知名度。

实现要求 2：市场细分与目标市场选择及定位

1．市场细分

（1）按地理环境细分。南方服装市场：在服饰上比较注重细节、品质，整体风格含蓄。北方服装市场：北方人性格比较豪放爽朗，服饰更加注重整体的魄力、大气随意。

（2）按购买年龄细分。由于不同年龄段的人群对消费观念有着差别。本网店把消费者分为四个年龄段，从不同年龄层分析消费者的购物心理。

（3）按消费心理细分。分为忠诚心理、时尚心理、冲动心理和个性自我心理。

2．目标市场选择

根据消费者具体情况，以自身的特点选择多个细分市场作为营销目标。网店目标市场群体集中在 25～35 岁，收入在中等，以南方为主，北方为辅，不断挖掘潜在客户。

3．市场定位

A 网店将目标消费群体定位在 25～35 岁，这类人群追求时尚新颖、更换服装快、了解品牌，是品牌服装的潜在消费者。本网店将价格定位在大众消费层次，这样既能满足消费的需求又能实现本店品牌形象。

实现要求 3：网络营销方案设计

1．预期目标

（1）短期目标是在网店中处处体现"顾客至上"的服务理念，销售量达到三颗星，店铺收藏人数达到 50 次，网店浏览量达到 1000 人次。

（2）中期目标是通过线上、线下以及两者结合的营销方式，实现每周销售件数突破 500 件，每天 A 网店网站点击总次数在 1000 次左右，每天访问量平均在 500 次左右。

（3）长期目标是在原有网店网站浏览量和点击率的基础上有所提高，扩大知名度，不断强大客服队伍，同时保持每天销售件数在 100 左右，每周销售件数突破 1000 件。收藏店铺的人数达到 500 次，店铺浏览量达到 10000 次。

2．网络营销策略

（1）网络产品策略主要采取产品的个性化策略、产品品牌策略、网络新产品开发策略。

（2）网络价格策略包括直接低价定价策略、折扣定价策略、尾数定价策略、免费价格策略、组合定价策略和会员优惠策略。

（3）网络渠道策略包括：销售渠道、网上配送渠道。

（4）网络促销策略包括：网上销售促销（有奖促销、满就减、满就送促销、拍卖促销、秒杀活动）、网上公共关系、站点推广和网络广告。

实现要求 4：财务预算

A 网店在初期投入固定费用包括电费、网费共花费 300 元，店铺前期装修费用为 300 元，后期的维护费用在 200 元，为了提高网店知名度，扩大销售量，在线下使用名片进行宣传花费 100 元，其中礼品发放花费 100 元，店铺的货物周转费用为 1000 元。费用共 2000 元。

实现要求 5：效果评估

（1）评估内容主要包括：网店建设是否成功，有什么优缺点；网店访问量及收藏量情况；网店对反馈信息的处理是否及时；客户对网店的网络营销接受效果如何。

（2）评估指标包括：网站流量指标和用户行为指标。

（3）评估效果包括：店铺情况和销售情况。连续更新网店产品，以最快的速度提升网店知名度。调整本店的发展战略，加大宣传力度。

项目九　电子商务网络安全的维护

9.1　项目情景

某电子商务专业大学毕业生小王，去应聘 A 电子商务公司网络安全部门岗位，面试官问了他两个问题：

1. 作为我公司网络管理员，你认为主要的职责包括哪些？
2. 电子商务网络安全问题有哪些表现？

9.2　项目分析

电子商务的基础平台是互联网，电子商务发展的核心和关键问题就是交易的安全，由于 Internet 本身的开放性，使网上交易面临着种种危险，也由此提出了相应的安全控制要求。从技术上来讲，系统安全与电子商务交易安全是影响电子商务安全的主要因素之一。目前影响电子商务安全因素的表现有：

1. Windows 系统安全。随着软件系统规模的不断增大，系统中的安全漏洞或"后门"也不可避免的存在。如 Cookie 程序、Java 应用程序、IE 浏览器等这些软件与程序都有可能给我们开展电子商务带来安全威胁。黑客也常常利用系统漏洞窃取电脑资料。

2. 服务器安全。服务器安全主要包括对服务器的安全配置，以及服务器的定期维护。

3. 信息泄露。在电子商务中表现为商业机密的泄露，主要包括两个方面：

（1）交易一方进行交易的内容被第三方窃取。

（2）交易一方提供给另一方使用的文件被第三方非法使用。

以上是电子商务面临的主要安全威胁，也是本项目主要解决的问题。

9.3　知识准备

当今是信息时代，互联网的普及导致电子商务中的网络安全问题越来越突出，网络欺骗、网络钓鱼等日益严重，甚至出现伪造网页，通过盗链使你链接到不合法的网页，伪造网银、银行等的一些网络欺骗。电子商务是基于信息网络通信的商务活动，其特点是实时、快速。电子商务的发展，从一定程度上可以说取决于信息基础设施的规模，但是如今网络欺诈盛行，网络诚信也经受严重的考验。我国由于经济实力和技术等方面的原因，网络基础设施建设还比较缓慢和滞后，已建成的网络质量不高。而随着互联网的普及网上支付、网上购物活动的日益增多，也扩大了不法者的欺骗范围和手段。这些欺骗往往能给国家和社会带来极大的经济损失，正因为如此，保障网络的安全成为电子商务的一个重要方面。

一、电子商务安全

电子商务安全主要是指交易安全，而交易安全的关键就在于网络安全，因此，网络安全是影响电子商务发展的主要因素之一，它主要包括操作系统安全和网络安全，本小节重点讲解 Windows 操作系统安全，其中 Windows 系统安全隐患主要包括：

身份窃取：指用户的身份在通信时被他人非法窃取。

非授权访问：指对网络设备及信息资源进行非正常使用或者越权使用等。

冒充合法用户：主要指利用各种假冒或者欺骗的手段非法获得合法用户的使用权限，以达到占用合法用户资源的目的。

否认：指参与某次通信活动后，通信双方中的一方事后否认参与了此次活动。

拒绝服务：指通信被终止或合法的访问被拒绝。

二、电子商务安全技术

（一）防火墙技术

为了保护 Windows 系统安全，系统自带了防火墙（Firewall），通过某种机制来限制非法用户的访问。Windows 系统防火墙一般是指一种软件，在内外网间、专用网与公共网间构成保护屏障，防火墙可以保护计算机免受非法用户的入侵，防止外部对计算机内部资源的非法访问，也可以阻止保密信息从受保护的计算机内非法输出，防火墙的开关界面与安全规则如图 9-1、图 9-2 所示。主要功能如下：

- 允许管理员定义一个中心点来防止非法用户进入内部网络。
- 可以方便地监视系统的安全性并报警。
- 可以记录系统的安全操作，即安全日志的记录。
- 设定入站/出站规则、连接规则。

图 9-1　防火墙的安全规则　　　　图 9-2　打开/关闭防火墙界面

（二）访问控制

访问控制决定了谁能够访问系统资源，能访问系统何种资源以及如何使用这些资源。适当的访问控制能阻止未经允许的用户有意或者无意地获取数据。访问控制的手段包含用户识别码、口令、登录控制、资源授权、授权核查、日志和审计。一般分为：

- 主动访问控制：以主体的身份和授权来决定访问模式。
- 强制访问控制：根据主体和客体的级别标记来决定访问模式。
- 基于角色的访问控制：根据用户组和权限组来决定访问模式。

三、CA 认证及数字签名技术

（一）CA 的概念

CA 机构，又称为证书授证（Certificate Authority）中心，作为电子商务交易中受信任的第三方，承担公钥体系中公钥的合法性检验的责任。CA 中心为每个使用公开密钥的用户发放一个数字证书，数字证书的作用是证明用户合法拥有证书中列出的公开密钥。CA 机构的数字签名使得攻击者不能伪造和篡改证书，它负责产生、分配并管理所有参与网上交易的个体所需的数字证书，因此是安全电子交易的核心环节。由此可见，建设证书授权（CA）中心，是开拓和规范电子商务市场必不可少的一步。为保证用户之间在网上传递信息的安全性、真实性、可靠性、完整性和不可抵赖性，不仅需要对用户的身份真实性进行验证，而且需要有一个具有权威性、公正性、唯一性的机构，负责向电子商务的各个主体颁发并管理符合国内、国际安全电子交易协议标准的电子商务安全证书。

（二）数字证书的概念

数字证书就是互联网通信中标志（证明）通信各方身份信息的一系列数据，提供了一种在 Internet 上验证身份的方式，其作用类似于司机的驾驶执照或日常生活中的身份证。它是由一个权威机构——CA 机构，又称为证书授权中心发行的，人们可以在网上用它来识别对方的身份。数字证书是一个经证书授权中心数字签名的包含公开密钥拥有者信息以及公开密钥的文件。最简单的证书包含一个公开密钥、名称以及证书授权中心的数字签名。常用的密钥包括一个公开的密钥和一个私有的密钥，即一对密钥，当信息使用公钥加密并通过网络传输到目标主机后，目标主机必需使用对应的私钥才能解密使用。使用它主要是为了提高 IT 系统在敏感数据应用领域的安全性，为用户业务提供更高的安全保障。

四、电子商务服务器安全技术

（一）Web 服务器安全

Web 服务器又称为 WWW 服务器，它是放置一般网站的服务器。一台 Web 服务器上可以建立多个网站，各网站的拥有者只需要把做好的网页和相关文件放置在 Web 服务器的网站中，其他用户就可以用浏览器访问网站中的网页了。服务器从 Windows Server 2000、Windows 2003 Server、Windows Server 2008、Windows Server 2012 发展至今，各方面性能不断提升，相较于 IIS 5、IIS 6、IIS 7，IIS 7.5 的自定义安装功能会更加强大，可以不必安装部分不安全的组件，这样会保证服务器的安全性。管理员可以根据需要定制安装相应的功能模块，这样可以使 Web 网站的受攻击面减少，安全性和性能大大提高，部分功能使用起来更简单，因此推荐使用 Windows Server 2008 R2 版本。

（二）IIS 的安全

IIS 是 Internet Information Services 的缩写，意为互联网信息服务，是由微软公司提供的基于 Microsoft Windows 运行的互联网基本服务。IIS 的安全脆弱性曾长时间被业内诟病，一旦

IIS 出现远程执行漏洞威胁将会非常严重。远程执行代码漏洞存在于 HTTP 协议堆栈（Http.sys）中，当 Http.sys 未正确分析经特殊设计的 HTTP 请求时会导致此漏洞出现。成功利用此漏洞的攻击者可以在系统账户的上下文中执行任意代码，导致 IIS 服务器所在机器蓝屏或读取其内存中的机密数据。

常用的 IIS 安全配置如下：

1．删除不必要的虚拟目录

IIS 安装完成后在 wwwroot 下默认生成了一些目录，包括 IISHelp、IISAdmin、IISSamples、MSADC 等，这些目录都没有什么实际的作用，可直接删除。

2．删除危险的 IIS 组件

默认安装后的有些 IIS 组件可能会造成安全威胁，例如 Internet 服务管理器（HTML）、SMTP Service 和 NNTP Service、样本页面和脚本，大家可以根据自己的需要决定是否删除。

3．为 IIS 中的文件分类设置权限

除了在操作系统里为 IIS 的文件设置必要的权限外，还要在 IIS 管理器中为它们设置权限。一个好的设置策略是：为 Web 站点上不同类型的文件都建立目录，然后给它们分配适当权限。例如：静态文件文件夹允许读、拒绝写，ASP 脚本文件夹允许执行、拒绝写和读取，EXE 等可执行程序允许执行、拒绝读写。

4．删除不必要的应用程序映射

ISS 中默认存在很多种应用程序映射，除了 ASP 的这些程序映射，其他的文件在网站上都很少用到。在"Internet 服务管理器"中，右键算击网站目录，选择"属性"，在"网站目录属性"对话框的"主目录"选项卡中，点击"配置"按钮，弹出"应用程序配置"对话框，在"应用程序映射"选项卡，删除无用的程序映射。如果需要这一类文件，必须安装最新的系统修复补丁，并且选中相应的程序映射，再点击"编辑"按钮，在"添加/编辑应用程序扩展名映射"对话框中勾选"检查文件是否存在"选项。这样当客户请求这类文件时，IIS 会先检查文件是否存在，文件存在后才会去调用程序映射中定义的动态链接库来解析。

5．保护日志安全

日志是系统安全策略的一个重要环节，确保日志的安全能有效提高系统整体安全性。

（三）DHCP 服务器安全

DHCP 是 Dynamic Host Configuration Protocol（动态主机配置协议）的缩写，它的前身是 BOOTP。DHCP 可以说是 BOOTP 的增强版本，它分为两个部分：一个是服务器端，另一个是客户端。所有的 IP 网络设置数据都由 DHCP 服务器集中管理，并负责处理客户端的 DHCP 清求，而客户端则会使用从服务器分配下来的 IP 环境数据。

减少 DHCP 威胁的几种方法：

1．检测伪服务器：可以降低伪服务器对网络的破坏程度，这由检测的间隔时段长度来决定。但是因为客户端在向 DHCP 服务器申请网络地址和参数时发 Discover 消息采取广播方式，检测模块应该在每一个物理子网内部署，并且确定合适的检测间隔时段的长度是困难的，最后即使网络中存在检测模块但还是不能完全防止伪服务器的运行。

2．检查客户 MAC 地址：当非法用户将其 MAC 地址修改为合法的 MAC 地址时，检查 MAC 地址便无法实现对此种侵入的防范。另外，该方法不仅要增加检查 MAC 地址的过程，而且要增加新用户注册的过程，附加注册软件，从而加大企业成本。

3．消息认证机制：消息认证机制是对以前 DHCP 协议的完善，与原来的 DHCP 技术很好地结合在一起，与客户申请 IP 地址的过程也很好地统一在一起，不仅能够对 DHCP 消息认证，也能对 DHCP 实体认证，极大地减少了 DHCP 威胁。

9.4　任务分解

任务 1　Windows 操作系统安全

Windows Server 2008 是用在服务器上的操作系统，也是目前中小型网络系统中最常用的操作系统，其安全性非常重要。

一、任务目的

1．掌握 Windows Server 2008 操作系统常用的安全配置。
2．掌握 Windows Server 2008 操作系统的账户管理。

二、任务描述

某公司使用 Windows Server 2008 作为其服务器上的操作系统，怎样对该操作系统进行基本的安全配置？

三、任务实现

（一）管理员账号改名

Windows Server 2008 中，账号 Administrator 是不能被禁用的，所以对账号 Administrator 改名可以防止别人多次尝试这个账户的密码。

（1）进入系统桌面，右键单击"计算机"，在快捷菜单中选择"管理"命令，弹出"服务器管理器"界面，依次展开"配置"→"本地用户和组"→"用户"，如图 9-3 所示。

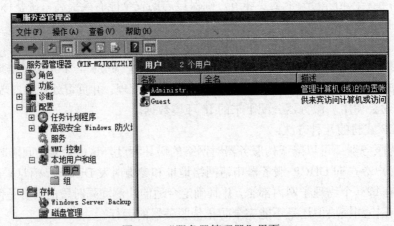

图 9-3　"服务器管理器"界面

（2）右键点击右边区域的"Administrator"，在快捷菜单中选择"重命名"命令，如图 9-4 所示。

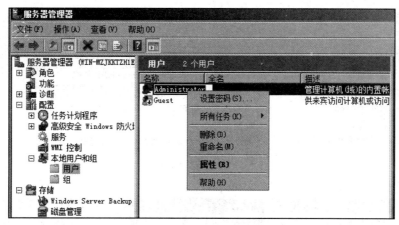

图 9-4 选择"重命名"命令

（3）将账号"Administrator"改名为"User"，如图 9-5 所示。

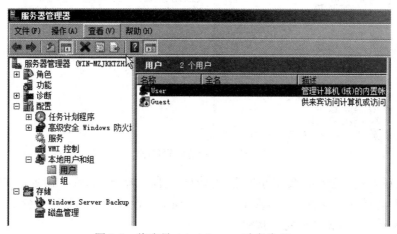

图 9-5 将账号 Administrator 改名为 User

（二）操作系统安全策略

微软提供了一套基于管理控制台的安全配置和分析工具，用来配置服务器的安全策略。在管理工具中可以找到"本地安全策略"。

这里利用"本地安全策略"，设置新建的账号必须符合复杂性要求，账号的密码长度至少为 6 位，该密码使用超过 20 天后，系统会自动要求用户修改密码，并且用户新设置的密码不能和前面 2 次的密码相同。如果该账户连续 3 次登陆都失败，系统将自动锁定账户，60 分钟后自动复位被锁定的账户。

（1）依次点击"开始"→"管理工具"→"本地安全策略"，打开"本地安全设置"界面。可以配置 4 类安全策略：账户策略、本地策略、公钥策略和 IP 安全策略，如图 9-6 所示。

（2）依次展开"安全设置"→"账户策略"→"密码策略"，可以看到右边区域关于密码策略的 6 个设置选项，如图 9-7 所示。

（3）右键点击"密码必须符合复杂性要求"，在快捷菜单中选择"属性"命令，弹出"密码必须符合复杂性要求属性"对话框，点击"本地安全设置"选项卡，选择"已启用"单选按钮，如图 9-8 所示，点击"确定"按钮。

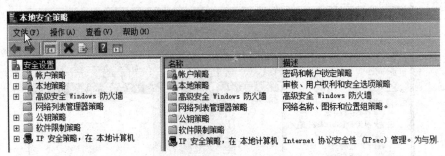

图 9-6　"本地安全策略"界面

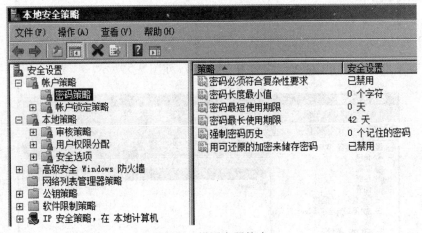

图 9-7　设置密码策略

（4）右键点击"密码长度最小值"，在快捷菜单中选择"属性"命令，弹出"密码长度最小值属性"对话框，点击"本地安全设置"选项卡，设置"密码必须至少是"为"6"个字符，如图 9-9 所示，点击"确定"按钮。

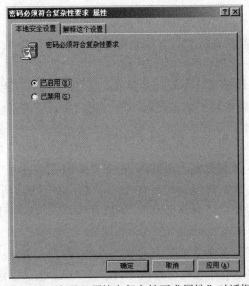

图 9-8　"密码必须符合复杂性要求属性"对话框

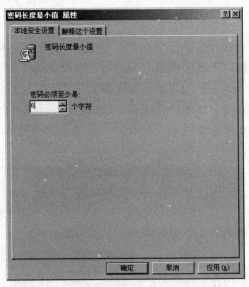

图 9-9　"密码长度最小值属性"对话框

（5）右键点击"密码最长使用期限"，在快捷菜单中选择"属性"命令，弹出"密码最长使用期限属性"对话框，点击"本地安全设置"选项卡，在"密码过期时间"处设置"20"天，如图 9-10 所示，点击"确定"按钮。

（6）右键点击"强制密码历史"，在快捷菜单中选择"属性"命令，弹出"强制密码历史属性"对话框，点击"本地安全设置"选项卡，在"保留密码历史"处设置"2"个记住的密码，如图 9-11 所示，点击"确定"按钮。

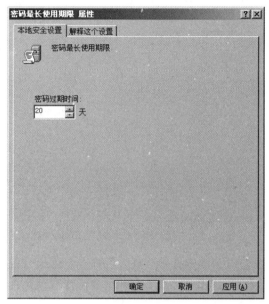
图 9-10 "密码最长使用期限属性"对话框

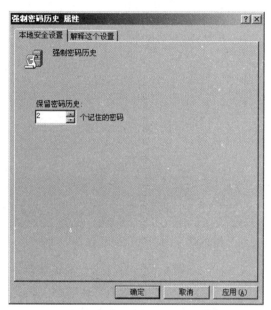
图 9-11 "强制密码历史属性"对话框

（7）依次展开"安全设置"→"账户策略"→"账户锁定策略"，可以看到右边区域关于账户锁定策略的 3 个设置选项，如图 9-12 所示。

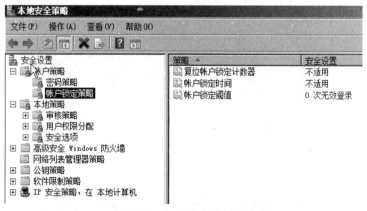
图 9-12 设置账户锁定策略

（8）右键点击"账户锁定阈值"，在快捷菜单中选择"属性"命令，弹出"账户锁定阈值属性"对话框，点击"本地安全设置"选项卡，在"在发生以下情况之后，锁定账户"处设置"3"次无效登录，如图 9-13 所示，点击"确定"按钮。

（9）右键点击"账户锁定时间"，在快捷菜单中选择"属性"命令，弹出"账户锁定时间属性"对话框，点击"本地安全设置"选项卡，在"账户锁定时间"处设置"60"分钟，如图9-14所示，点击"确定"按钮。

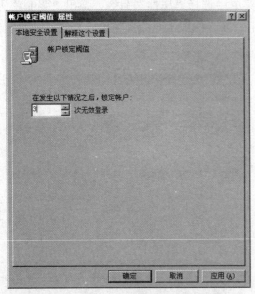

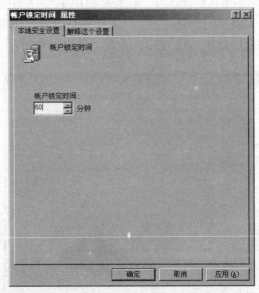

图9-13 "账户锁定阈值属性"对话框　　　　图9-14 "账户锁定时间属性"对话框

（10）右键点击"复位账户锁定计数器"，在快捷菜单中选择"属性"命令，弹出"复位账户锁定计数器属性"对话框，点击"本地安全设置"选项卡，在"在此后复位账户锁定计数器"处设置"60"分钟，如图9-15所示。

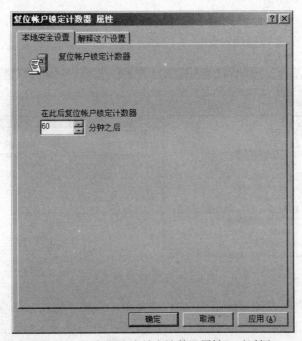

图9-15 "复位账户锁定计数器属性"对话框

（三）删除默认共享

Windows Server 2008 提供了默认共享功能，这些默认的共享都有"$"标志，意为隐含的。包括所有的逻辑盘（C$，D$，E$……）和系统目录 Windows（ADMIN$）。这里我们删除所有逻辑盘的默认共享。

（1）进入系统桌面，右键单击"我的电脑"，在快捷菜单中选择"管理"命令，弹出"计算机管理"界面，依次展开"计算机管理（本地）"→"系统工具"→"共享文件夹"→"共享"，在右边区域列出了所有共享项，如图 9-16 所示。

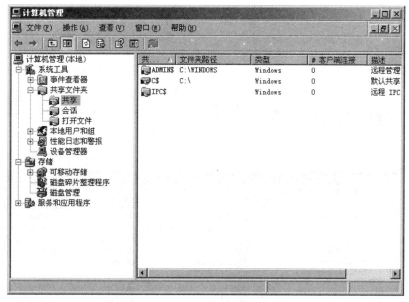

图 9-16 "计算机管理"界面

（2）点击"开始"→"运行"，弹出"运行"对话框，在"打开"处输入"regedit"，如图 9-17 所示。

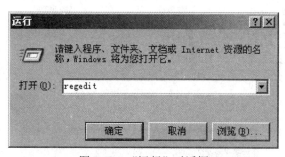

图 9-17 "运行"对话框

（3）点击"确定"按钮，打开"注册表编辑器"界面，如图 9-18 所示。

（4）找到"HKEY_LOCAL_MACHINE\SYSTEM\CurrentControlSet\Services\lanmanserver\parameters"项，如图 9-19 所示。

（5）双击右侧区域中的"AutoShareServer"项，弹出"编辑 DWORD 值"对话框，在"数值数据"处填写"0"，如图 9-20 所示。

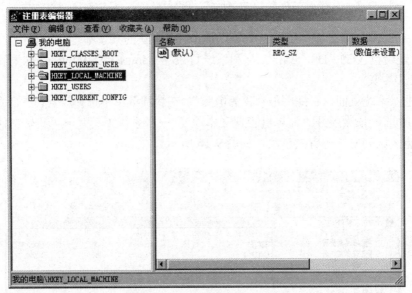

图 9-18 "注册表编辑器"界面

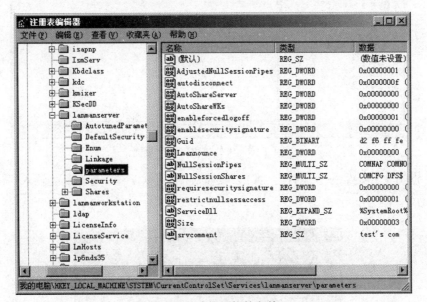

图 9-19 选择寻找的参数

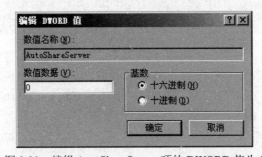

图 9-20 编辑 AutoShareServer 项的 DWORD 值为 0

（6）点击"确定"按钮，成功禁止 C$，D$类的默认共享。

（7）双击右侧区域中的"AutoShareWKs"项，弹出"编辑 DWORD 值"对话框，在"数值数据"处填写"0"，如图 9-21 所示。

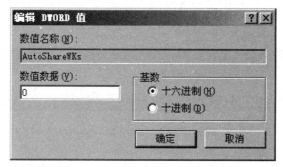

图 9-21 编辑 AutoShareWKs 项的 DWORD 值为 0

（8）点击"确定"按钮，成功禁止 ADMIN$的默认共享。

任务 2 Windows Server 2008 服务器系统安全管理与维护

服务器系统（Server System）通常来讲是指安装在服务器上的操作系统，比如安装在 Web 服务器、应用服务器和数据库服务器上的操作系统，是企业 IT 系统的基础架构平台，也是按应用领域划分的三类操作系统之一（另外两种分别是桌面操作系统和嵌入式操作系统）。同时，服务器操作系统也可以安装在个人电脑上。相比个人版操作系统，在一个具体的网络中，服务器操作系统要承担额外的管理、配置、稳定、安全等功能，处于网络中的心脏部位。

Windows Server 2008 是专为强化下一代网络、应用程序和 Web 服务的功能而设计，是有史以来最先进的服务器操作系统之一。该系统虚拟化采用了 Hyper-V 技术。Windows Server 2008 虽是建立在 Windows Server 先前版本的成功与优势上，不过已针对基本操作系统进行了改善，以提供更具价值的新功能及更进一步的改进。新的 Web 工具、虚拟化技术、安全性的强化以及管理应用程序，不仅可帮助开发人员节省时间、降低成本，并可为 IT 基础架构提供稳固的基础。

一、任务目的

1．IIS 的安全配置。
2．Web 站点的安全配置。
3．DHCP 的安全配置。

二、任务描述

Windows Server 2008 是目前使用最多的服务器操作系统，功能十分强大，常用于构建可靠、灵活的服务器基础结构。在其提供的网络服务中 Web 服务是最常用、也是最易受到攻击的一项服务。在下面的任务中，将从系统安全配置和安全站点建立两方面讲述如何构建一个安全的网站。

三、任务实现

（一）安全的 IIS 的安装

（1）启动服务器后，在桌面上右键点击"计算机"图标，选择快捷菜单中的"管理"选项，在"服务器管理器"界面的左侧，双击"角色"选项，如图 9-22 所示。

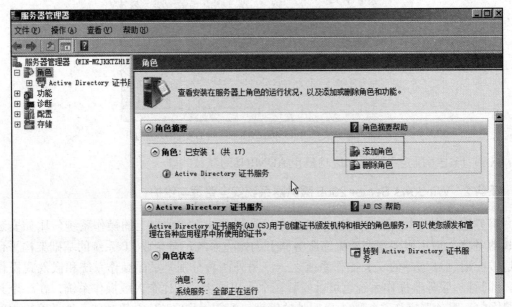

图 9-22　服务器管理器

（2）点击"添加角色"按钮后，弹出"添加角色向导"对话框。

（3）选择中间"角色"列表中的"Web 服务器（IIS）"和"应用程序服务器"，点击"下一步"，此时会有"是否添加 Web 服务器（IIS）所需的功能？"提示，如图 9-23 所示。根据这个提示可以明确知道 Web 服务器（IIS）缺少必要的功能，需要同时被安装。点击"添加必须的功能"按钮后，弹出"应用程序服务器"，点击"下一步"，在弹出的对话框左侧选择"应用程序服务器"下的"角色服务"，把中间"角色列表"中的"应用程序服务器"和"Web 服务器（IIS）"勾选上，如图 9-24 所示，点击"下一步"。这里的操作要注意和第（4）步的 Web 服务器（IIS）"角色服务"区分开。

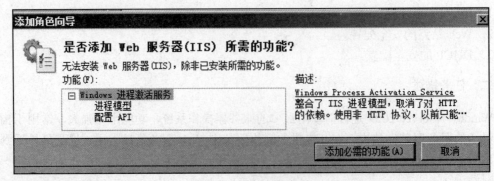

图 9-23　添加角色向导

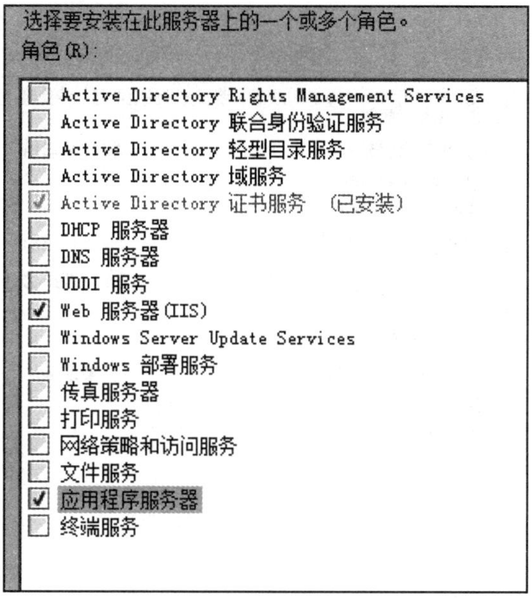

选择要安装在此服务器上的一个或多个角色。

角色(R):

- ☐ Active Directory Rights Management Services
- ☐ Active Directory 联合身份验证服务
- ☐ Active Directory 轻型目录服务
- ☐ Active Directory 域服务
- ☑ Active Directory 证书服务　(已安装)
- ☐ DHCP 服务器
- ☐ DNS 服务器
- ☐ UDDI 服务
- ☑ Web 服务器(IIS)
- ☐ Windows Server Update Services
- ☐ Windows 部署服务
- ☐ 传真服务器
- ☐ 打印服务
- ☐ 网络策略和访问服务
- ☐ 文件服务
- ☑ 应用程序服务器
- ☐ 终端服务

图 9-24　选择要添加的角色

（4）在界面左侧"Web 服务器（IIS）"下"角色服务"列表中找到"应用程序开发"，把除.NET 外的其他复选框勾选上，安装上 ASP 组件。在这里除了我们所需的 ASP 组件外，还包括了 ASP.NET、PHP 等组件类型，用户可以根据自己的需要自行安装，如果没安装以后再想安装，可以重新在"Web 服务器（IIS）"下的"角色服务"里勾选自己需要的组件。同时将 IIS 需要安装的必要组件如"安全性"下面的"基本身份验证"以及"Windows 身份验证"勾选上，如图 9-25 所示，点击"下一步"，可以看到刚才选择的角色、角色服务或功能正在启动安装。

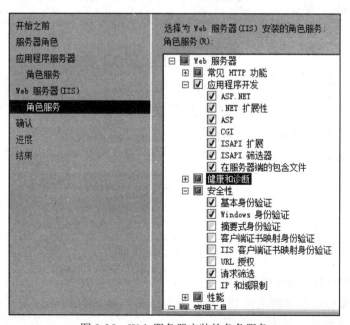

图 9-25　Web 服务器安装的角色服务

（5）安装完成后，点击"关闭"按钮完成 Web 服务器的安装，如图 9-26 所示。

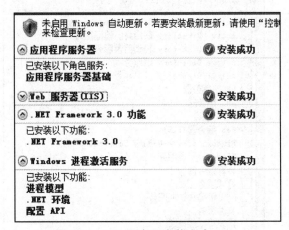

图 9-26　Web 服务器安装成功

（二）Web 服务器的安全配置

1．静态网站搭建

　　静态网站基于 HTML 语言编写，且不具有交互性。与静态网站相对应的还有动态网站。在管理工具里面找到"Internet 信息服务（IIS）管理器"打开。

　　如果现在想发布一个静态网页，我们可以先将静态网页文件放好，比如说在 C 盘里面放一个 test 的文件夹，在里面任意建立一个静态网页，名字就叫 index.htm，然后在 IIS 控制台里面设置网站。具体方法是右键点击"添加网站"。站点建立好后，将这个站点重新启动一下就可以了，如图 9-27 所示为已经添加的网站"KFU"。

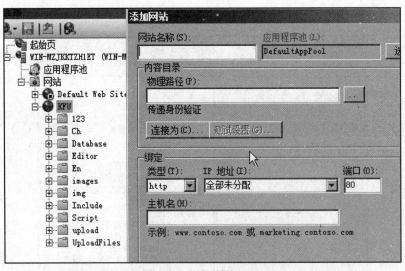

图 9-27　添加网站 KFU

　　对于静态页面的发布有几个地方需要注意：

　　（1）如果你想修改网站绑定的 IP 地址，可以选中站点，然后右键点击，选择"编辑绑定"，可以在这里修改 IP 地址，如图 9-28 所示。

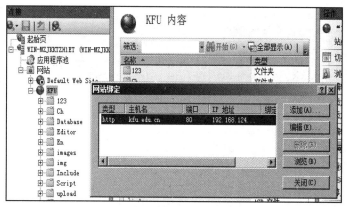

图 9-28　修改网站绑定的 IP 地址

（2）如果你想添加、删除或移动网页首页文件名，可以在网站右边的一个默认文档里面修改。

（3）80 端口是指派给 HTTP 的标准端口，主要用于 Web 站点的发布。如果所创建的 Web 站点是一个公共站点，那么只需采用默认的 80 端口即可。这样用户在浏览器中输入网址或 IP 地址时，客户端浏览器会自动尝试在 80 端口上连接 Web 站点。如果该 Web 站点有特殊用途，需要增强其安全性，那么可以设置特定的端口号。

如果更改了默认端口 80，比如：8021，打开 IE 测试时必须要带上端口号，这里地址就应该是：http://192.168.10.1:8021 或者 http://127.0.0.1:8021。

2．ASP 动态网站安全

动态网站基于 ASP、PHP、ASP.NET 等语言编写，并结合数据库（如 SQL Server、Access）实现。动态网站实现较为全面的功能，具有交互性强、自动发布信息等特点，更适合公司、企业使用。基于安全方面的考虑，IIS 7.5 默认禁用了 ASP 程序支持属性，需要用户手动开启此功能。

IIS7.5 的动态站点设置：右键点击 "Default Web Site" 选项，选择 "高级设置"。在对话框中设置网站的 "主目录" "访问的端口" 等。如果该 Web 站点是公开发布的网站，则可以保持"允许匿名访问网站" 复选框的选中状态，这样可以使任何用户都能连接到该 Web 站点。如果希望该站点是一个需要验证用户访问权限的特殊网站，则需要取消该复选框禁止用户匿名访问。

3．设置子目录

网站中的所有内容一般都存储在主目录中，但随着网站内容的不断丰富，用户需要把不同层次的内容组织成网站主目录下的子目录。有两种方式可以实现这一目标，一种方式是在网站主目录中新建一个子目录，并把相关内容复制到这个目录中；另一种方式就是创建虚拟目录，虚拟目录既可以是本地磁盘中的任何一个目录，也可以是网络中其他计算机中的目录。相对而言，创建子目录的方式更安全高效。

4．DHCP 协议安全

动态主机地址配置协议用于给网络的计算机动态分配 IP 地址，该技术允许 DHCP 服务器将其地址池中的 IP 地址自动分配给局域网中的每一台工作站，也允许局域网中的服务器租用其中的预留 IP 地址，动态 IP 地址服务能减轻管理员工作（该服务必须要连接最少一台工作站才生效）。

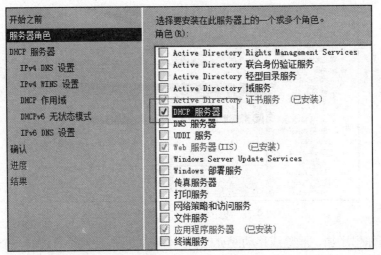

图 9-29　启动 DHCP 服务器

（1）安装 DHCP：先以超级管理员权限进入 Windows Server 2008 系统，打开该系统的"开始"菜单，从中依次单击"程序"→"管理工具"→"服务器管理器"命令，在弹出的"服务器管理器窗口"中，点击左侧显示区域的"角色"选项，在对应的右侧显示区域中，点击"添加角色"按钮，打开如图 9-29 所示的"服务器角色"列表窗口，然后按照指引执行。

（2）服务器添加

输入本机 IP 地址：192.169.0.1。若不知道 IP 地址则双击 IP 或输入 ipconfig（命令）查看 IP 地址。

（3）建立作用域

点击"建立作用域"对话框中的"添加"按钮，在如图 9-30 所示的"添加作用域"对话框中输入起始地址：192.168.0.10；结束地址：192.168.0.254；子网掩码：255.255.255.0 等参数，如图 9-30 所示。

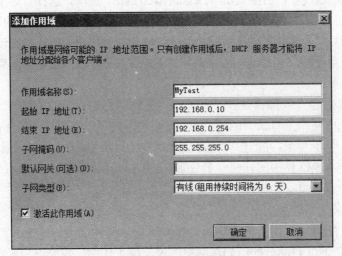

图 9-30　添加作用域

（4）关闭后，重新启动 DHCP 打开 DHCP 服务。至此，Web 服务器的基本配置完成。

任务3 加密软件 PGP 的使用

PGP 是一种供大众使用的加密软件。PGP（Pretty Good Privacy），是一个基于 RSA 公匙加密体系的邮件加密软件，可以用它对你的邮件保密以防止非授权者阅读，还能对邮件加上数字签名从而使收信人可以确信邮件是对方发来的。PGP 使人们可以安全地和从未见过的人通信，事先并不需要任何保密的渠道来传递密钥。它采用了审慎的密钥管理，一种 RSA 和传统加密的杂合算法，用于数字签名的邮件文摘算法，加密前压缩等机制，还有一个良好的人机工程设计。它的功能强大，有很快的速度，而且它的源代码是免费的。

实际上 PGP 的功能还不止这些：PGP 可以用来加密文件，还可以用 PGP 代替 UUencode 生成 RADIX 64 格式（就是 MIME 的 BASE 64 格式）的编码文件等等。

一、任务目的

1. 了解加密工具 PGP 的原理及简单配置方法。
2. 掌握 PGP 软件的安装和设置。
3. 使用 PGP 软件完成文件的签名和加密。
4. 使用 PGP 软件完成文件的解密和签名验证。

二、任务描述

1. 小米和小言的 PC 机上分别安装有 PGP 软件。
2. PGP 软件根据不同用户产生各自的密钥对，包括一个公钥和一个私钥。
3. 假设小米需要发一份文件给小言，她首先对该文件用自己的私钥签名，再利用小言的公钥加密该文件，然后发给小言。
4. 小言先用自己的私钥解密该文件，再利用小米的公钥对该文件的发送者进行身份验证。

三、任务实现

（一）安装 PGP 软件
（1）首先查看所给的软件包包含的文件内容。
如图 9-31 所示为一般的 PGP 软件所包含的文件。

 1001下载乐园 Internet 快捷方式 1 KB
 PGP8.exe
 PGP8.exe.sig PGP Detached Sig... 1 KB
 PGP简体中文化版（第三次修正）.exe
 使用说明.txt 文本文档 2 KB
 注册说明.htm HTML Document 10 KB

图 9-31　PGP 安装文件

（2）打开给出的 PGP 软件包，运行它的安装文件 pgp8.exe，打开界面如图 9-32 所示。选择"我是一个新用户"，输入软件安装所需的 key。
（3）选择要安装的 PGP 组件，如图 9-33 所示。
（4）软件安装结束后重启系统，如图 9-34 所示。

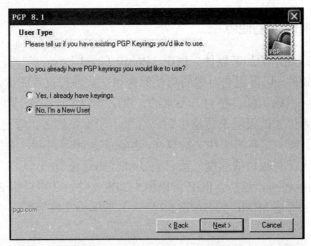

图 9-32　运行 pgp8.exe 安装程序

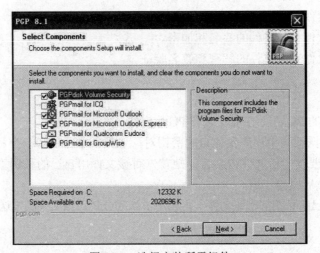

图 9-33　选择安装所需组件

图 9-34　安装完成

（5）下面进行软件汉化，运行"PGP 简体中文化版（第三次修正）.exe"的软件，对 PGP 进行汉化。会出现需要密码的界面，如图 9-35 所示。

图 9-35　软件汉化

密码存储在"使用说明.txt"文件中，为"pgp.com.cn"。输入之后，进入安装向导，如图 9-36 所示。

图 9-36　汉化安装向导

（6）点击"下一步"，到选择安装组件的位置，选择"完整安装"，安装完成，如图 9-37 所示。

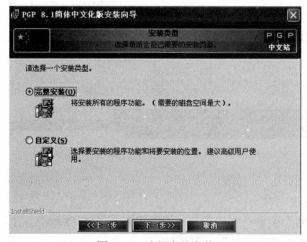

图 9-37　选择完整安装

（7）安装完成之后，就要进行信息注册。右键点击任务栏中 **PGP** 的锁型图标，选择"许可证"，如图 **9-38** 所示。

（8）在"PGP 许可证"对话框中点击"更改许可证"，如图 **9-39** 所示。

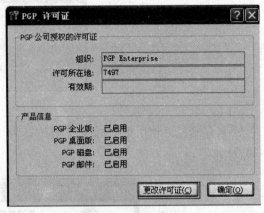

图 9-38   PGP 信息注册   图 9-39   更改许可证

（9）进入"PGP 许可证授权"界面后，点击"手动"展开许可证的输入框。同时打开"使用说明"，将相应的内容填入注册框，如图 **9-40** 所示。

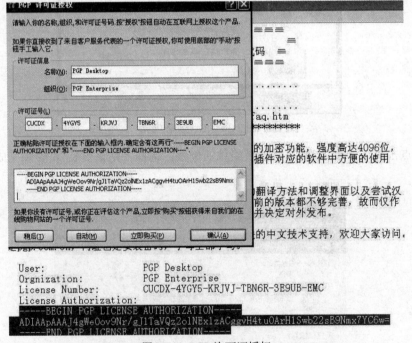

图 9-40   PGP 许可证授权

连续点"确定"两次，完成安装。

（二）练习生成密钥对

（1）点击"开始"菜单→"程序"→"PGP"→"PGPkeys"，启动 PGPkeys 主界面，如图 9-41 所示。点击"新建密钥对"工具按钮。

图 9-41　PGPkeys 主界面

（2）在 Key Generation Wizard 提示向导下，点击"下一步"，开始创建密钥对。

（3）输入对应的用户名和邮箱地址，如图 9-42 所示。

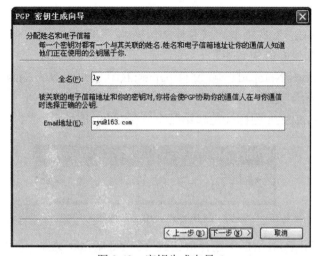

图 9-42　密钥生成向导-1

（4）输入私钥的保护密码，注意密码的隐藏键入和密码长度，如图 9-43 所示。

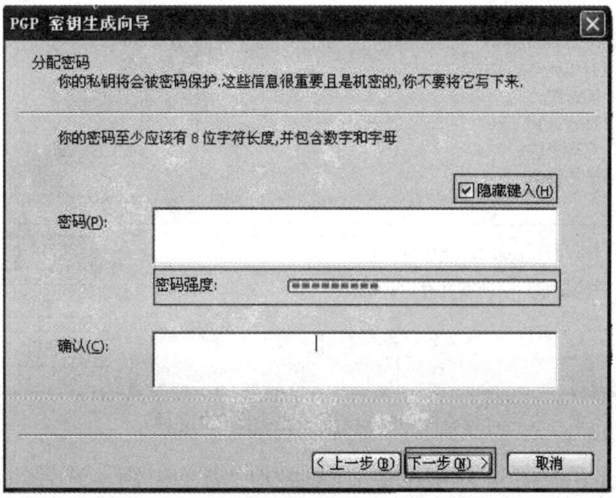

图 9-43　密钥生成向导-2

（5）密钥对生成，如图 9-44 所示。

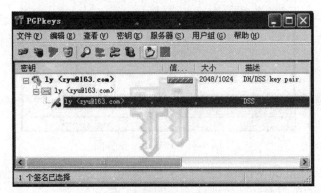

图 9-44　密钥对生成

（6）找到并展开创建的密钥对，右键点击，选取"Key Properties"。

（7）打开"Subkeys"选项卡，试着使密钥无效，但不要确认。

（三）用 PGP 加密和解密文件

（1）使用 Windows Notepad 创建文件 pgptest.txt，文件内容为 This file is encrypted。

（2）点击"开始"菜单→"程序"→"PGP"→"PGPmail"。

（3）选择 Encrypt/Sign 图标（左起第四个），如图 9-45 所示。

图 9-45　启动加密程序

（4）在 Select File(s)对话框中选择最初建立的 pgptest.txt 文件，如图 9-46 所示。

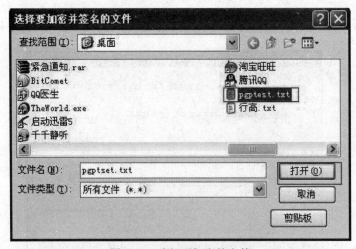

图 9-46　选择要加密的文件

（5）在 PGP Key Selection 对话框中，选中接收者的密钥，然后勾选"常规加密"项，如图 9-47 所示。

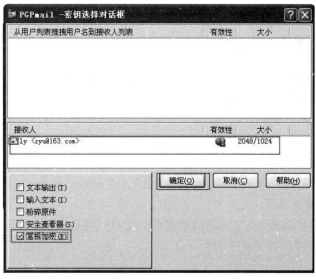

图 9-47　选中接收者的密钥

（6）要求输入你的私钥 Passphrase，正确输入后文件被转换成扩展名为.pgp 的加密文件，如图 9-48 所示。再次输入密钥，如图 9-49 所示。

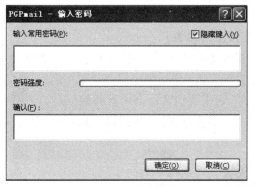

图 9-48　输入密钥

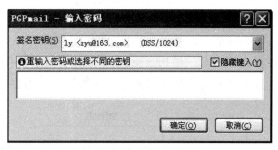

图 9-49　再次输入密钥

（7）在 pgptest.txt 的目录下会出现一个新的加密文件，名为"pgptest.txt.pgp"，加密文件就成功了。

（8）解密文件，先双击生成的加密文件"pgptest.txt.pgp"，要求输入密钥，如图 9-50 所示。

图 9-50　解密文件

（9）输入正确的密码后，就可以解密原来的文件了。

任务 4　证书制作及 CA 系统配置

Windows Server 2008 安装企业 CA 证书服务。CA（证书颁发机构）为了保证网络上信息的传输安全，除了在通信中采用更强的加密算法等措施外，必须建立一种信任及信任验证机制，即通信各方必须有一个可以被验证的标识，这就需要使用数字证书，证书的主体可以是用户、计算机、服务等。证书可以用于多方面，例如 Web 用户身份验证、Web 服务器身份验证、安全电子邮件等。安装证书确保网上传递信息的机密性、完整性，以及通信双方身份的真实性，从而保障网络应用的安全性。CA 分为两大类，企业 CA 和独立 CA。

企业 CA 的主要特征如下：

1．企业 CA 安装时需要 AD（活动目录服务）支持，即计算机在活动目录中才可以。

2．当安装企业根时，对于域中的所有计算机，它都将会自动添加到受信任的根证书颁发机构的证书存储区域。

3．必须是域管理员或对 AD 有写权限的管理员，才能安装企业根 CA。

独立 CA 主要具有以下特征：

1．CA 安装时不需要 AD（活动目录服务）。

2．某些情况下，发送到独立 CA 的所有证书申请都被设置为挂起状态，需要管理员授权颁发。这完全出于安全性的考虑，因为证书申请者的凭证还没有被独立 CA 验证。在简单介绍完 CA 的分类后，我们在 AD（活动目录）环境下安装证书服务。

数字证书是目前国际上最成熟并得到广泛应用的信息安全技术。通俗地讲，数字证书就是个人或单位在网络上的身份证。数字证书以密码学为基础，采用数字签名、数字信封、时间戳服务等技术，在 Internet 上建立起有效的信任机制。它主要包含证书所有者的信息、证书所有者的公开密钥和证书颁发机构的签名等内容。数字证书能解决什么问题？如图 9-51 所示。

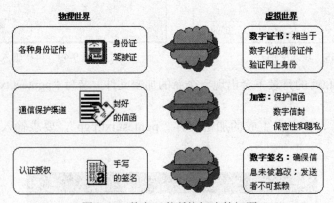

图 9-51　数字证书所能解决的问题

由上图可以得知，在使用数字证书的过程中应用加密技术，能够实现：

- 身份认证：在网络中传递信息的双方互相不能见面，利用数字证书可确认双方身份，而不是他人冒充的。

- 保密性：通过使用数字证书对信息加密，只有接收方才能阅读加密的信息，从而保证信息不会被他人窃取。

- 完整性：利用数字证书可以校验传送的信息在传递的过程中是否被篡改过或丢失。
- 不可否认性：利用数字证书进行数字签名，其作用与手写的签名具有同样的法律效力。

一、任务目的

1. 掌握证书服务配置与管理的技能。
2. 能够使用 SSL 访问服务器。
3. 掌握向 CA 申请证书的过程。

二、任务描述

将文字转换成不能直接阅读的形式（即密文）的过程称为加密，即把平时看到的"http"加密成"https"来传输，这样保证了信息在传输的过程中不被窃听。

将密文转换成能够直接阅读的文字（即明文）的过程称为解密。如何在电子文档上实现签名的目的呢？

三、任务实现

（一）添加活动目录证书服务

（1）打开"服务器管理器"，右键点击角色，选择"添加角色"，在"添加角色向导"对话框左侧选择"服务器角色"，然后勾选"Active Directory 证书服务"，如图 9-52 所示。

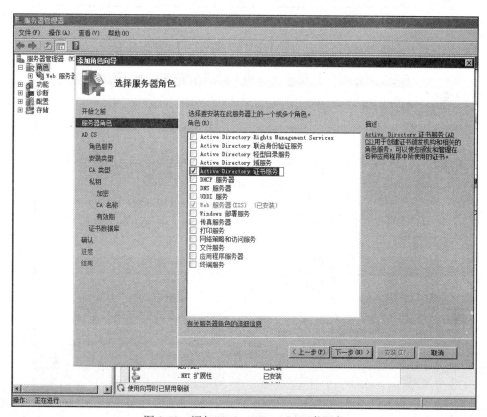

图 9-52　添加 Active Directory 证书服务

（2）点击"下一步"，继续点击"下一步"，在"添加角色向导"对话框选中"证书颁发机构"和"证书颁发机构 Web 注册"，如图 9-53 所示。

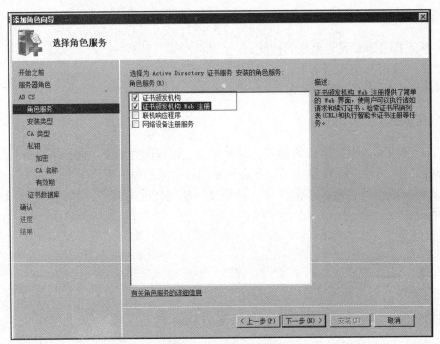

图 9-53 选择"证书颁发机构"、"证书颁发机构 Web 注册"

（3）点击"下一步"，直到"确认安装选择"界面，如图 9-54 所示。

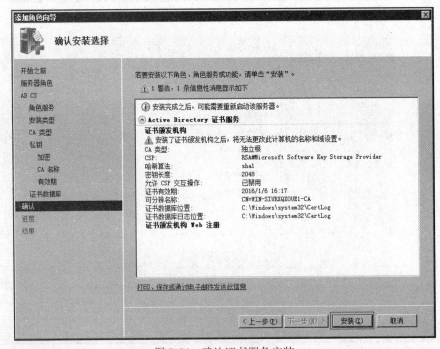

图 9-54 确认证书服务安装

（4）然后点击"安装"，等待安装完成，关闭即可，如图9-55所示。

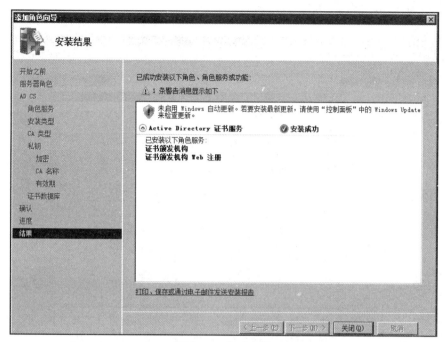

图9-55　完成安装

（二）创建证书申请

（1）启动IIS管理器，在连接中选择服务器，选中功能视图，选中"服务器证书"，如图9-56所示。

图9-56　启动IIS管理器

（2）双击打开"服务器证书"，在右侧操作中选择"创建证书申请"，在"可分辨名称属性"对话框中填入相应信息，如图 9-57 所示。

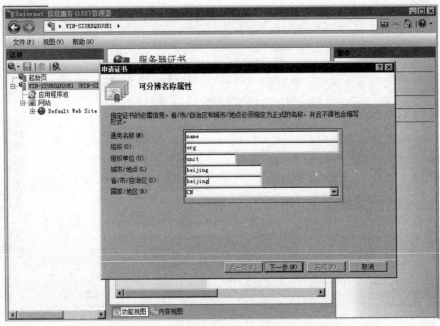

图 9-57　创建证书申请

（3）点击"下一步"，继续点击"下一步"，在打开的对话框中点击".."按钮，为证书申请文件选择一个位置，如图 9-58 所示。

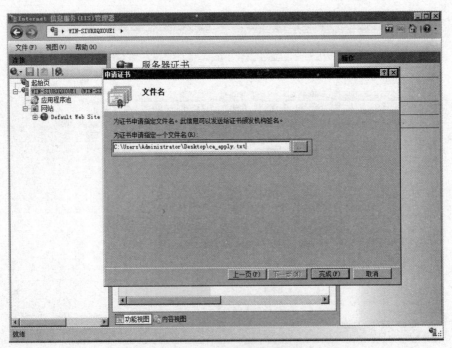

图 9-58　指定证书申请文件名

（4）点击"完成"，在指定位置生成证书申请文件 ca_apply.txt。

（三）提交申请、批准申请

（1）单击"开始"→"程序"→"管理工具"→"Certification Authority"，如图 9-59 所示。

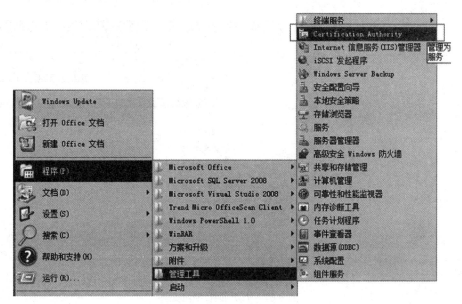

图 9-59　打开认证中心

（2）在打开窗口左侧选中本机，右键点击，选择"所有任务"下的"提交一个新的申请…"，如图 9-60 所示。

图 9-60　提交一个新的申请

（3）选择刚生成的证书申请文件，点击"打开"，如图 9-61 所示。

图 9-61　打开证书申请文件

（4）点击左侧"挂起的申请"，选中证书申请（申请 ID 最大的那个），如图 9-62 所示。

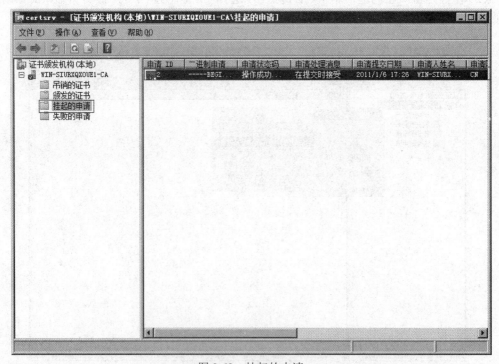

图 9-62　挂起的申请

（5）在"挂起的申请"上单击右键，选择"所有任务"下的"颁发"，如图 9-63 所示。

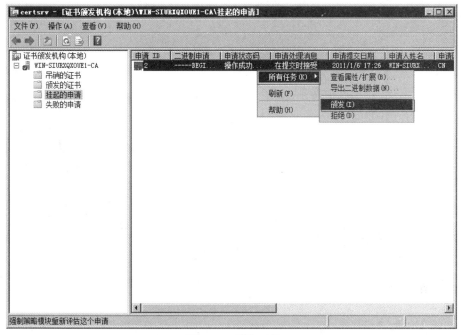

图 9-63　颁发证书

（6）点击左侧"颁发的证书"，可在右侧列表中看到刚刚颁发完成的证书。

（7）双击证书，在弹出的"证书"对话框切换到"详细信息"选项卡，点击"复制到文件"，弹出"证书导出向导"，如图 9-64 所示。

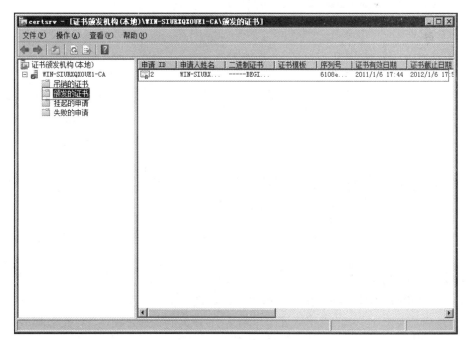

图 9-64　颁发的证书详情

（8）点击"下一步"，继续点击"下一步"，为证书文件选择导出位置，如图 9-65 所示。

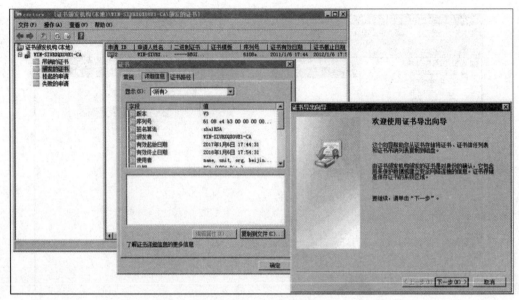

图 9-65　证书的导出

（9）点击直到"完成"，提示"导出成功"，如图 9-66 所示。

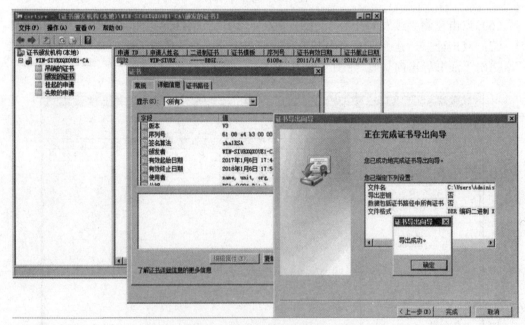

图 9-66　证书导出成功

（四）完成申请

（1）启动 IIS 管理器，在连接中选择服务器，选中功能视图，点击"打开服务器证书"。

（2）点击"操作"区域的"完成证书申请"，选择证书文件，输入"好记名称"，如图 9-67 所示。

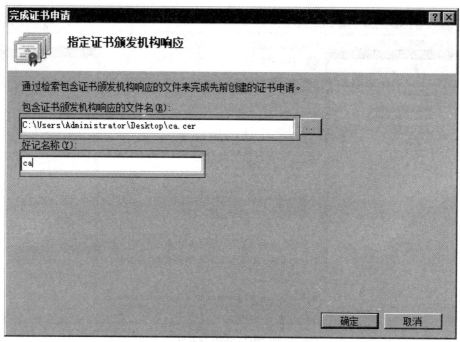

图 9-67 选择响应的文件

（3）点击"确定"，完成证书申请，如图 9-68 所示。

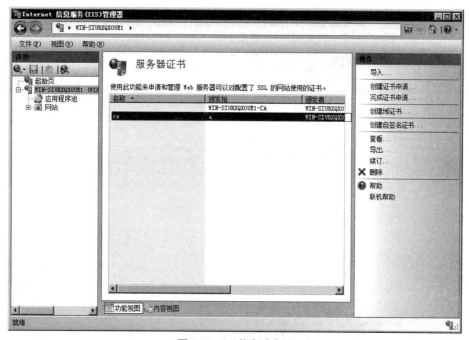

图 9-68 证书申请完成

（五）网站 SSL 设置

（1）启动 IIS 管理器，选中"网站"→"Default Web Site"，在功能视图的 IIS 区域下，选择并打开 SSL 设置，选中"客户证书"下的"忽略"，点击"应用"，如图 9-69 所示。

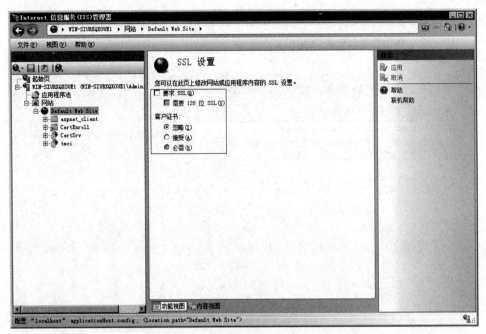

图 9-69   SSL 设置-1

（2）选中"网站"→"Default Web Site"→"CertSrv"，在功能视图的 IIS 区域下，选择并打开"SSL 设置"，选中"客户证书"下的"忽略"，点击"应用"，如图 9-70 所示。

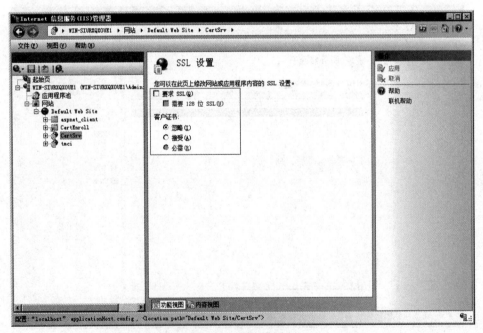

图 9-70   SSL 设置-2

（3）选中"网站"→"Default Web Site"→"tmci"，在功能视图的 IIS 区域下，选择并打开"SSL 设置"，选中"要求 SSL"，选中"客户证书"下的"忽略"，点击"应用"，如图 9-71 所示设置完毕。

图 9-71　SSL 设置-3

9.5　拓展任务

拓展任务 1　CA 证书的申请、下载与安装

实现要求：

1．登录数字认证网（ca369.com）了解证书的申请、下载和安装。

2．登录中国金融认证中心（www.cfca.com.cn）了解 CFCA 的"国家金融安全认证系统"的有关情况。

拓展任务 2　天网软件防火墙的应用

个人防火墙软件就是一个位于计算机和它所连接的网络之间的软件，是可以帮助您防止电脑中的信息被外部侵袭的一项技术，在您的系统中监控、阻止任何未经授权允许的数据进入或发出到互联网及其他网络系统。

实现要求：某高校的实验室有 20 台个人计算机可以接入 Internet，为保护计算机不受外部的侵袭，需要在计算机上安装并配置天网防火墙软件，如何进行操作？

操作提示：

（一）系统设置

在防火墙的主界面，点击"系统设置"按钮，打开天网个人防火墙系统设置界面，如图 9-72 所示。

系统设置有启动、规则设定、应用程序权限、局域网地址设定、其他设置几个方面。

"启动"勾选"开机后自动启动防火墙"复选框，在计算机开机后防火墙自动启动。

图 9-72　天网个人防火墙系统设置界面

　　"规则设定"区域包含"重置""向导"两个按钮。点击"重置"按钮，防火墙的安全规则全部恢复为初始设置。点击"向导"按钮，可以使用向导分别设置安全级别、局域网信息、常用应用程序。

　　局域网地址设定：设置用户计算机在局域网内的 IP 地址，防火墙以这个地址区分局域网和互联网。

　　（二）安全级别设置

　　天网个人防火墙的安全级别分为低、中、高、扩展和自定义五个级别，如图 9-73 所示。

图 9-73　天网个人防火墙的安全级别

　　把鼠标置于某个级别上时，可从注释框中查看详细说明。

　　低安全级别情况下，完全信任局域网，允许局域网中的机器访问自己提供的各种服务，但禁止互联网上的机器访问这些服务。该级别适用于局域网。

　　中安全级别情况下，局域网中的机器只允许访问文件、打印机共享服务，不允许访问 HTTP、FTP 等系统级别的服务，也不允许互联网中的机器访问这些服务，同时运行动态 IP 规则管理。

　　高安全级别下，禁止局域网内部和互联网上的计算机访问本机提供的网络共享服务，网络中的任何机器都不能查找到该机器的存在。除了被防火墙认可程序打开的本机端口，防火墙会屏蔽掉其他所有端口。

　　扩展安全级别在中安全级别的基础上，配合一系列专门针对间谍程序和木马的扩展规则，来防止间谍程序和木马打开 TCP 或 UDP 端口，监听甚至开放为许可的服务。

　　自定义安全级别适合了解 TCP/IP 协议的用户，可以设置 IP 规则，而如果规则设置不正确，可能会导致不能访问网络。

对普通个人用户，一般推荐将安全级别设置为中级。这样可以在已经存在一定规则的情况下，对网络进行动态的管理。

（三）应用程序规则设置

在防火墙的主界面，点击"应用程序规则"按钮，打开天网个人防火墙应用程序规则界面，如图 9-74 所示。

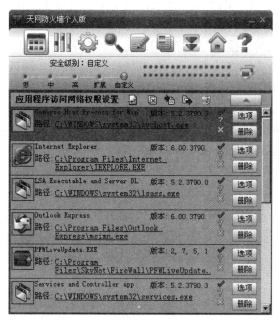

图 9-74　天网个人防火墙应用程序规则界面

当有新的应用程序访问网络时，防火墙会弹出警告对话框，询问是否允许访问网络，为保险起见，对于用户不熟悉的程序，都可以设为禁止访问网络。

点击"选项"按钮，弹出"应用程序规则高级设置"对话框，如图 9-75 所示。

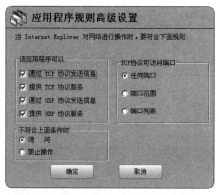

图 9-75　"应用程序规则高级设置"对话框

在此对话框，可以设置该应用程序是通过 TCP 还是 UDP 协议访问网络及 TCP 协议可以访问的端口，当不符合条件时，程序将询问用户或禁止操作。对已经允许访问网络的程序，下一次访问网络时，按缺省规则管理。

参考文献

[1] 谢希仁．计算机网络[M].5 版．北京：电子工业出版社，2008．

[2] 吴功宜．计算机网络．北京：清华大学出版社，2011．

[3] 王建平．计算机网络技术与实验[M]．北京：清华大学出版社，2007．

[4] 彭纯献．电子商务网络技术．北京：机械工业出版社，2011．

[5] 杨云．Linux 网络操作系统与实训．北京：中国铁道出版社，2008．

[6] 谢昌荣，李菊英．计算机网络技术项目化教程．北京：清华大学出版社，2014．

[7] 柳青．计算机网络技术基础任务驱动式教程．北京：人民邮电出版社，2014．

[8] 张恒杰等．RedHat Enterprise Linux 服务器配置与管理．北京：冶金工业出版社，2011．